FERRET 1975

ÉTUDE

SUR

L'EMPLOI DE L'ACIER

DANS LES CONSTRUCTIONS

EXPOSÉ DE LA MÉTHODE A SUIVRE POUR LA MISE EN ŒUVRE
DES TOLES ET BARRES PROFILÉES EN MÉTAL FONDU

PAR

J. BARBA

INGÉNIEUR DES CONSTRUCTIONS NAVALES
CHEVALIER DE LA LÉGION D'HONNEUR

AVEC **80** FIGURES DANS LE TEXTE

───

PARIS

LIBRAIRIE POLYTECHNIQUE

J. BAUDRY, ÉDITEUR

RUE DES SAINTS-PÈRES, 15.

MÊME MAISON A LIÉGE

1874

───

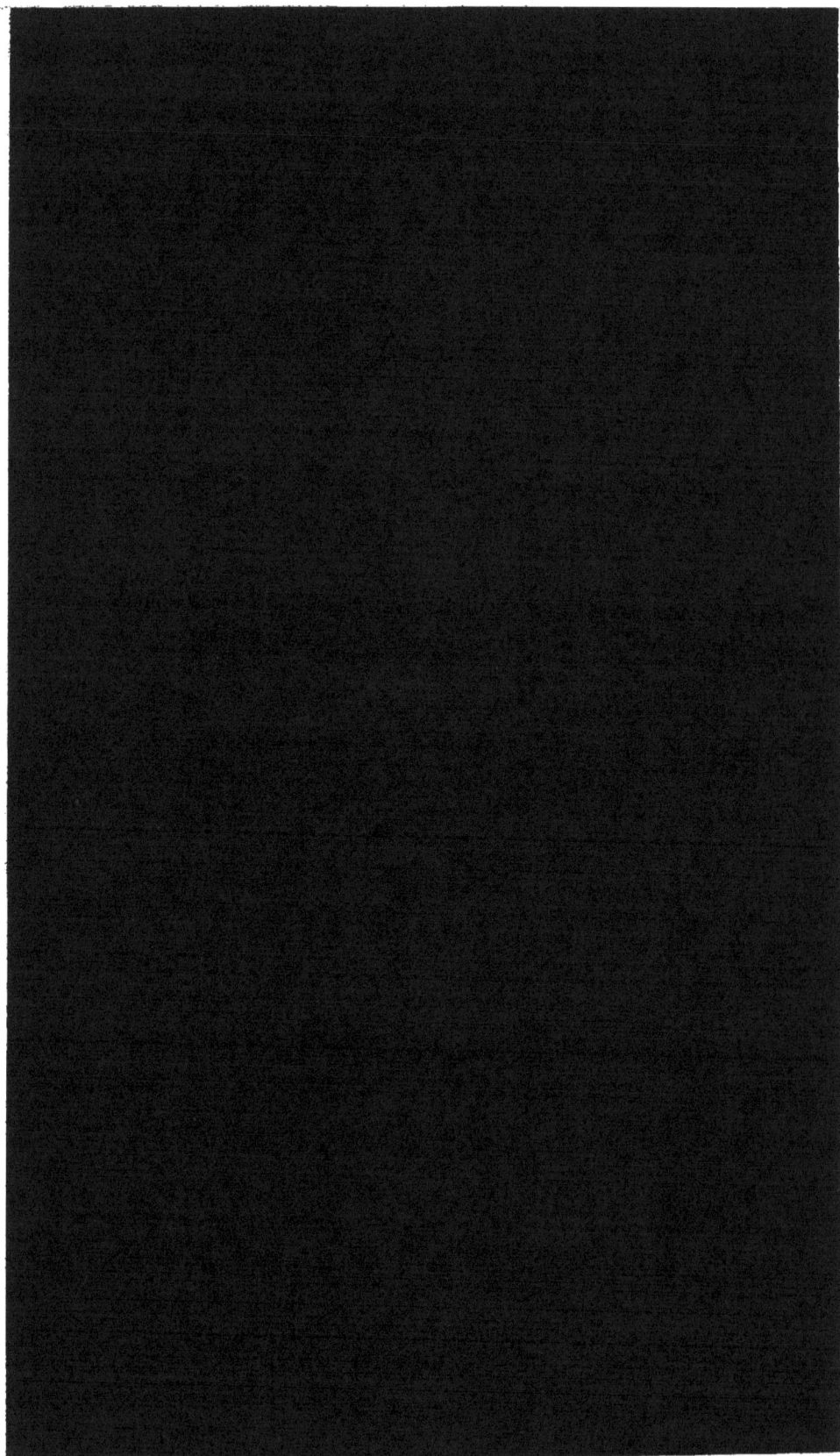

ÉTUDE

SUR

L'EMPLOI DE L'ACIER

1347

DANS LES CONSTRUCTIONS

PARIS. — TYPOGRAPHIE GEORGES CHAMEROT, RUE DES SAINTS-PÈRES, 19.

ÉTUDE

SUR

L'EMPLOI DE L'ACIER

DANS LES CONSTRUCTIONS

EXPOSÉ DE LA MÉTHODE A SUIVRE POUR LA MISE EN ŒUVRE
DES TÔLES ET BARRES PROFILÉES EN MÉTAL FONDU

PAR

J. BARBA

INGÉNIEUR DES CONSTRUCTIONS NAVALES
CHEVALIER DE LA LÉGION D'HONNEUR

AVEC **80** FIGURES DANS LE TEXTE

PARIS

LIBRAIRIE POLYTECHNIQUE

J. BAUDRY, ÉDITEUR

RUE DES SAINTS-PÈRES, 15.

MÊME MAISON A LIÉGE

1874

INTRODUCTION

Depuis quelques années, l'industrie métallurgique a réalisé dans la fabrication de l'acier des progrès sérieux, grâce surtout à l'adoption des procédés Bessemer et Martin. On a pu, avec ce métal, obtenir des tôles, des fers profilés d'une homogénéité remarquable. L'attention des constructeurs a été promptement attirée par les précieuses qualités de ces produits et ils ont cherché à en généraliser l'emploi.

Certains aciers présentent en effet des résistances et des allongements à la rupture bien supérieurs à ceux des fers du commerce. On peut, en substituant l'acier au fer, surtout pour les pièces qui ne travaillent qu'à la traction, diminuer notablement les échantillons et, par suite, le poids des matériaux employés dans les constructions.

Les usines à acier peuvent livrer des tôles d'une grande surface[1], de longues cornières d'une texture régulière et exemptes de ces défauts qu'on rencontre souvent dans les

---

[1] Les usines du Creusot et de Terre-Noire ont livré aux ports de Lorient et de Brest un grand nombre de tôles d'acier de 6 à 7 mètres carrés de surface, des cornières de 15^{m}00 de long. Pour les doubles T, on n'a pu, jusqu'ici, dépasser comme fabrication la longueur de 13^{m}20 ; de plus grandes dimensions n'auraient pu être obtenues qu'en augmentant considérablement la machine motrice du laminoir qui développe déjà environ 600 chevaux.

fers corroyés. L'emploi de pièces de grande dimension dispense de multiplier les joints et permet une réduction de main-d'œuvre tout en réalisant une nouvelle économie de poids.

Les prix des aciers, les économies qu'on peut faire dans le travail ne sont pas encore nettement établis ; il est donc difficile d'affirmer *à priori* que les constructions à terre faites avec ce métal seront toujours économiques. Mais, dans la marine, les avantages de l'emploi de l'acier sont beaucoup plus évidents. Une réduction notable sur le poids de coque d'un navire permet d'augmenter d'autant le poids de l'artillerie, de la cuirasse, de la machine, du chargement, etc. Si on construit dans les mêmes conditions de solidité deux navires de même dimension, l'un en acier, l'autre en fer, on pourra doter le premier de qualités supérieures à un ou plusieurs points de vue.

Pour donner à un navire en acier les mêmes puissances offensive et défensive qu'à un navire en fer, il ne sera pas nécessaire de lui donner les mêmes dimensions qu'à ce dernier. On pourra réduire, soit le tirant d'eau, soit la longueur, soit la largeur, et ces réductions ont chacune une grande importance, quelle que soit celle qu'on s'efforce de réaliser.

D'après les remarquables propriétés de l'acier, on comprend les efforts faits par les constructeurs pour en généraliser l'emploi, surtout dans la marine.

Malheureusement, à côté de ses qualités, l'acier a montré, dès qu'on l'a employé, des défauts anormaux et sem-

blant inexplicables *à priori*. Des pièces entièrement terminées se sont brisées sous les influences les plus minimes et
parfois sans cause apparente. Des tôles formées, percées,
prêtes à être mises en place, abandonnées pendant quelques heures, ont été retrouvées cassées; d'autres se sont
rompues quand on les a rivées. En un mot, l'acier a présenté, surtout quand il avait passé au feu, des défauts dont
la cause semblait insaisissable.

On a cherché à expliquer ces faits par la trempe dans un
courant d'air, par l'influence du sol, etc. Ces hypothèses
qui paraissaient exactes pour un cas isolé ne se vérifiaient
pas dans d'autres circonstances, et la difficulté de travailler
l'acier suivant des principes certains a fini par jeter beaucoup de discrédit sur l'emploi de ce métal.

En Angleterre, on avait, il y a quelques années, travaillé
l'acier sur une certaine échelle dans la construction de bâtiments de l'État ou de la marine marchande. Mais son usage
était encore limité. Les grandes compagnies d'assurances
n'avaient donné leur sanction à son emploi qu'en faisant des
réserves. Depuis cette époque, les défauts reconnus à l'acier
ont été tels que son usage ne s'est pas développé comme on
pouvait s'y attendre.

En France, on s'est servi de ce métal dans la construction de ponts, de chaudières, et surtout dans la fabrication
de rails de chemins de fer. Dans les marines militaire et
marchande, son emploi a été limité à la confection de chaudières, de mâts, d'embarcations ou de petits navires de très-
peu d'importance.

En 1873, on mit en chantier aux ports de Lorient et de Brest trois grands navires de guerre sur les plans de M. de Bussy, ingénieur de la marine. L'acier devait entrer dans leur construction pour la majeure partie, l'ossature, le revêtement intérieur, les cloisons; les ponts devaient être faits avec ce métal. Le revêtement extérieur ou bordé de carène avait seul été maintenu en fer. On n'avait pas osé, en présence des défauts reconnus jusqu'alors aux tôles d'acier, essayer de les façonner suivant des formes compliquées telles que celles que présente ce bordé[1]. Jamais les Anglais ni aucune nation étrangère n'avaient employé l'acier sur une aussi grande échelle. L'auteur des projets de ces trois bâtiments et le ministère qui avait donné son approbation à ses plans s'engageaient donc avec hardiesse dans une voie nouvelle. Les qualités remarquables des produits livrés par les usines du Creusot et de Terre-Noire, la méthode suivie dans les travaux, permettront certainement d'effectuer avec un plein succès la construction de ces bâtiments[2] et de justifier les prévisions de l'ingénieur qui avait conçu ces projets et qui a dirigé l'exécution des deux navires construits à Lorient[3].

[1] L'action de l'eau de mer sur les tôles d'acier est peu connue; on ne sait pas si, sous cette influence, elles sont plus ou moins altérées que les tôles de fer ; ce motif a contribué puissamment à faire écarter provisoirement leur emploi comme tôles de bordé extérieur.

[2] Au moment où nous écrivons, la construction de ces bâtiments n'est pas terminée ; mais une grande partie des matériaux a été travaillée, assemblée et rivée. Toutes les pièces difficiles sont à peu près finies. On a mis en œuvre environ 600,000 kilogrammes de tôles d'acier, 6,000 mètres de cornières et 4,000 mètres de fers à double T. On est donc maintenant certain de la réussite de ces constructions.

[3] Les résultats obtenus au port de Brest sont conformes de tous points à ceux qu'on a obtenus au port de Lorient.

Le travail si multiple auquel les tôles et les fers profilés doivent être soumis dans des constructions de ce genre a donné lieu à une série de recherches et d'observations que je me propose de relater succinctement. J'ai pensé qu'à une époque où on n'avait pas beaucoup de données sur la manière de travailler l'acier, cet exposé pourrait fournir d'utiles renseignements.

La composition de l'acier, longtemps controversée, est aujourd'hui à peu près certaine. Elle a été mise en lumière par de remarquables travaux, en particulier par ceux de M. le capitaine Caron et ceux de M. Joessel, ingénieur de la marine. J'ai puisé dans leurs ouvrages quelques considérations qu'il m'a paru nécessaire de reproduire ici. Tous les faits que j'ai observés semblent en effet pouvoir se rattacher complétement aux idées de ces auteurs; ils confirment leur théorie très-satisfaisante que j'ai cru devoir adopter dans l'état actuel de nos connaissances; mais on ne doit pas perdre de vue qu'avant d'avoir un caractère de certitude absolue, cette théorie a encore besoin du contrôle de l'expérience.

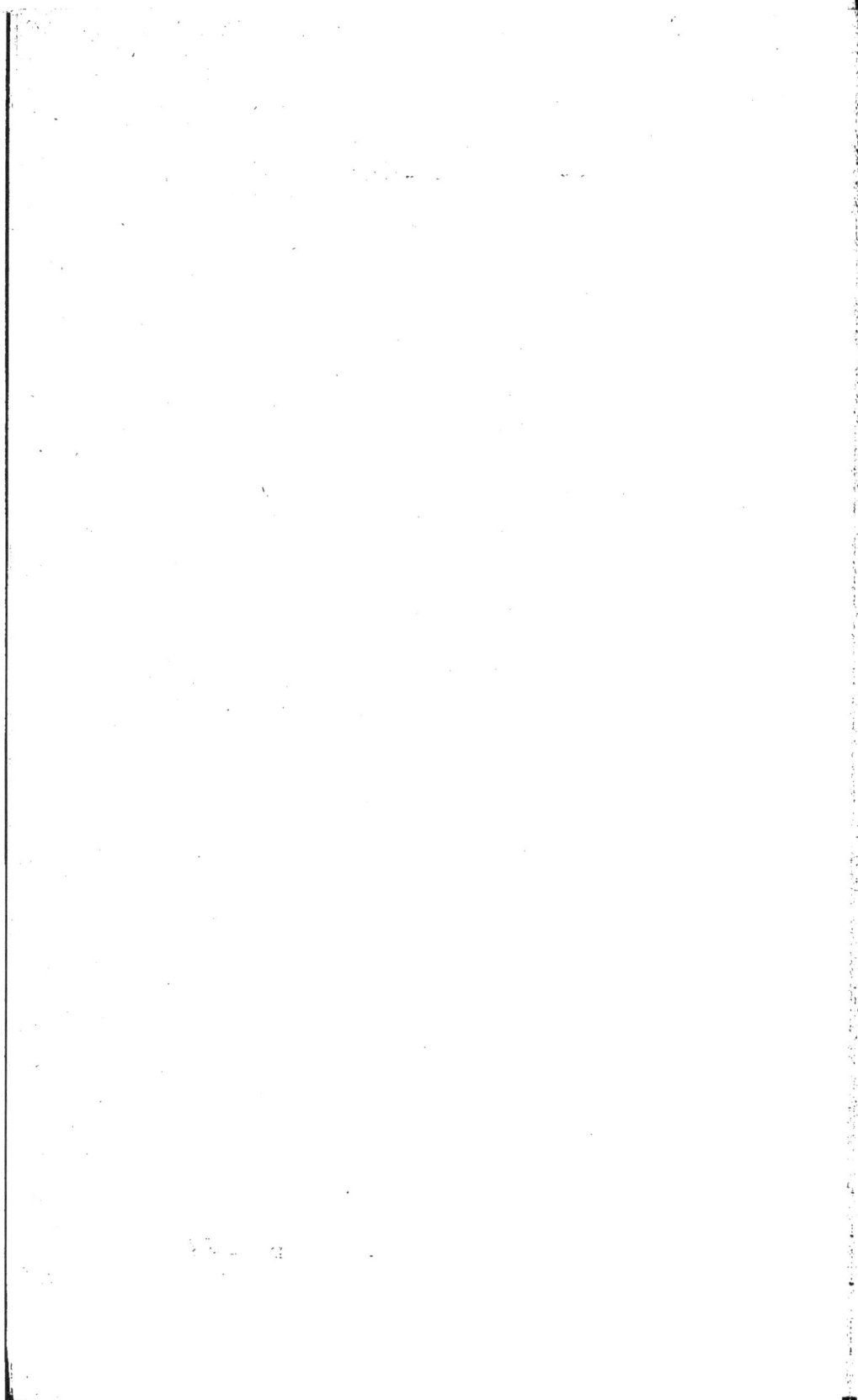

DU

TRAVAIL DE L'ACIER

CHAPITRE PREMIER

**Composition de l'acier. — Ses propriétés principales.
Trempe et recuit.**

Les produits désignés dans le commerce sous les noms de fontes
et d'aciers doivent leurs propriétés caractéristiques à la présence d'une
certaine quantité de carbone mélangé ou dissous dans du fer. Ces
substances peuvent renfermer d'autres corps qui altèrent plus ou
moins ces propriétés; on peut citer surtout le phosphore, le silicium,
le soufre, le manganèse, etc. Mais aucun de ces corps n'est nécessaire
à la constitution des fontes et des aciers. Je me bornerai à signaler
leur existence dans la plupart des fers du commerce, sans étudier
l'influence considérable qu'ils peuvent exercer.

En écartant donc toute considération relative à la présence des
matières étrangères, les fontes et les aciers sont des fers carburés.
Le carbone y existe à l'état de dissolution ou de mélange sans former aucun carbure nettement défini.

« Les aciers sont des dissolutions solidifiées de carbone dans du fer chimiquement pur. Ces dissolutions à l'état liquide ne sont pas saturées, à l'exception d'une seule correspondant à l'acier le plus vif qui renferme le maximum de carbone que le fer peut contenir en dissolution. Les fontes sont des dissolutions saturées de carbone dans du fer avec un excès de carbone à l'état de mélange. On peut les définir des aciers contenant du carbone mélangé. La proportion de carbone dans cet état y est d'autant plus forte que celle en dissolution y est moindre ou encore que la quantité totale de carbone contenue y est plus grande. Ainsi les fontes noires sont des aciers peu carburés, avec beaucoup de charbon mélangé, et les fontes grises des aciers plus carburés avec moins de charbon mélangé. » (*Expériences sur les fers, les fontes et les aciers*, par M. Joessel, ingénieur de la marine.)

Les phénomènes de dissolution du carbone dans le fer pour constituer les aciers peuvent se rattacher aux quatre lois principales suivantes:

1° La quantité de carbone que le fer peut renfermer en dissolution est d'autant plus grande que la température est plus élevée.

2° Par un refroidissement lent, une partie du carbone se sépare de la dissolution et reste à l'état de mélange.

3° Par un refroidissement brusque ou une presssion extérieure suffisante, la majeure partie du carbone se maintient en dissolution. Le refroidissement brusque agit dans ce cas par la pression qui en résulte. Si le carbone est mélangé, une pression extérieure en provoque la dissolution en plus ou moins grande proportion suivant son intensité[1].

4° La température à laquelle un acier en fusion se solidifie est d'autant moindre qu'il est plus riche en carbone.

Ces lois de la dissolution du carbone dans le fer se rapprochent des lois qui régissent la solubilité des solides et des gaz dans les liquides.

1° La solubilité des solides augmente avec la température. — 2° Quand une dissolution faite à chaud est refroidie, une partie du solide s'en

---

[1] Il est probable, d'après cette loi, qu'en employant en même temps une température élevée et une forte pression on pourrait produire des aciers plus carburés que ceux qu'on obtient actuellement. Nous conviendrons toutefois d'appeler aciers au maximum de saturation ceux qu'on obtient par une chaleur suffisante, sans variation de pression.

sépare. — 3° Elle pourrait probablement se maintenir intégralement sous une pression suffisante; mais aucune expérience n'a été faite sur ce sujet, à ma connaissance. La solubilité des gaz augmente avec la pression. — 4° Enfin les dissolutions prennent généralement l'état solide à une température d'autant plus basse qu'elles sont plus riches.

Le refroidissement brusque et le refroidissement lent de l'acier chauffé constituent la trempe et le recuit, opérations qui jouent un grand rôle dans l'emploi de l'acier.

Quand on trempe, c'est-à-dire quand on refroidit brusquement un métal quelconque, la couche extérieure se refroidit la première, d'autant plus vite que la différence de température entre le corps et le liquide dans lequel on le trempe est plus considérable; la conductibilité du liquide employé exerce aussi une grande influence sur la rapidité du refroidissement; la trempe au mercure sera, par exemple, bien plus intense que la trempe à l'eau.

Cette couche extérieure refroidie se contracte et exerce une forte pression sur l'intérieur qui est encore à une température élevée. Réciproquement, elle reçoit de l'intérieur la même pression. Un autre phénomène est la conséquence de cette contraction ; pour contenir le volume intérieur, les couches extérieures doivent s'allonger aux dépens de leur élasticité ; si la trempe a été suffisante, elles peuvent alors dépasser leur limite d'élasticité et s'allonger d'une façon permanente. Si la trempe n'a été que faible, cette limite n'étant pas atteinte, l'allongement élastique ne sera que momentané et disparaîtra quand le refroidissement sera plus complet.

On sait qu'on se base sur ces phénomènes bien connus pour briser des blocs de fonte qu'on ne pourrait que difficilement rompre par le choc; on les chauffe au rouge et on les laisse refroidir dans un courant d'eau. La surface extérieure se contracte et dépasse sa limite d'élasticité ; comme elle n'est susceptible avant de rompre que d'un très-faible allongement, des fentes se produisent à la surface et un choc assez faible suffit pour séparer la pièce en plusieurs morceaux.

Dans la seconde période de la trempe, le refroidissement se propage jusqu'au centre. Les fibres de cette région se contractent à leur tour par suite de l'abaissement de température ; mais elles sont liées aux fibres extérieures qui ont dépassé leur limite d'élasticité ; elles doivent donc s'allonger aux dépens de leur élasticité à mesure qu'elles se contractent, elles produisent en même temps une contraction des fibres extérieures.

Un corps trempé est donc soumis à diverses forces qui sont équilibrées par les tensions moléculaires. On peut mettre en évidence les forces qui subsistent après la trempe en en supprimant une partie. Si on prend une barre de fer trempée, bien dressée sur toutes ses faces et qu'on la coupe en deux dans le sens de sa longueur à l'aide d'une machine à raboter, chacun des morceaux prend une forme curviligne dont la concavité est tournée du côté raboté. Cette forme accuse une traction en cette partie, traction provenant de la seconde période de la trempe. Les forces en jeu dans la première période auraient produit l'effet contraire si elles avaient agi seules.

Les corps augmentent de volume quand on les soumet à la trempe. M. Caron a observé sur des barres d'acier fondu les variations suivantes[1] :

	ÉTAT NATUREL.	AU ROUGE.	APRÈS TREMPE.
Longueur............	20.00	20.32	19.95
Largeur.............	1.00	1.03	1.01
Épaisseur...........	1.00	1.03	1.01
Volume.............	20.00	21.557	20.351

Dans ces barres, la grande dimension a diminué, la largeur et l'épaisseur ont augmenté ; sous l'influence d'une pression intérieure, la barre devait se comporter comme tout corps homogène soumis à la déformation par l'effet d'une force intérieure ; elle devait tendre à se rapprocher de la forme sphérique.

M. Caron cite encore cet exemple d'une barre d'acier laminé :

[1] *Traité de métallurgie*, par le docteur Percy, pages 291 et suivantes.

	ÉTAT NATUREL.	APRÈS TREMPE.
Longueur................	20.00	20.45
Largeur.................	1.51	1.51
Épaisseur...............	3.70	3.70
Volume..................	111.74	114.25

Dans cet exemple, la trempe a encore produit une augmentation de volume; mais, contrairement à ce qui a eu lieu au cas précédent, la plus grande dimension s'est accrue et les autres n'ont pas varié. Cette contradiction n'est qu'apparente. Elle s'explique par le défaut d'homogénéité d'une barre laminée qui est susceptible d'un allongement plus facile dans le sens du laminage que dans les directions perpendiculaires. Les fibres longitudinales dépassent leur limite d'élasticité avant que cette limite ait été atteinte transversalement; toute l'augmentation de volume se produit par l'accroissement de longueur.

La trempe ne doit produire sur les corps homogènes dont la composition ne varie pas avec la température et la pression que les effets mentionnés ci-dessus. Dans les aciers et dans les autres fers carburés, la trempe se complique par la présence du carbone dont elle provoque partiellement la dissolution. Il est difficile de savoir si l'augmentation de volume observée pour l'acier trempé est modifiée en partie par cette dissolution; en continuant la comparaison avec les lois de solubilité des solides dans les liquides, on peut supposer que l'augmentation de volume ne provient pas de cette cause; car une dissolution n'a jamais un volume plus grand que la somme des volumes des corps la composant.

La dissolution opérée par la trempe de l'acier produit un corps doué de propriétés autres que celles qu'il avait avant la trempe; mais ce corps, lors du refroidissement brusque, est toujours sous l'influence des phénomènes qui viennent d'être exposés. La pression résultant des deux phases de la trempe maintient en dissolution une partie du carbone qui se serait séparée par un refroidissement lent;

cette portion sera d'autant plus grande que la pression sera plus forte, que la trempe sera plus énergique.

Si on trempe un corps non homogène, composé, par exemple, d'aciers à divers degrés de carburation, l'action sera complexe ; il semble probable que, quand le corps sera chaud, le carbone se répartira un peu moins irrégulièrement et que cette dissémination ne pourra qu'augmenter sous l'influence de la pression des couches extérieures refroidies. Si on suppose ce corps représenté avec des teintes différentes suivant les quantités de carbone qu'il renferme en ses divers points, les lignes de démarcation, au lieu d'être accusées comme à l'état primitif, seront fondues après la trempe.

Ce phénomène de transmission du carbone à travers le fer ou l'acier porté à une température suffisante est connu depuis longtemps. Une barre chauffée avec du charbon se cémente ou dissout du carbone d'abord à sa surface, puis plus profondément et enfin jusqu'au centre si la cémentation dure assez longtemps.

Quand on soumet un même acier à divers degrés de trempe, le carbone est maintenu en dissolution en d'autant plus forte proportion que la trempe est plus énergique. A chaque acier devrait correspondre un degré de trempe où l'effet produit est maximum, c'est celui où la trempe provoquerait la dissolution de tout le carbone renfermé dans l'acier. Si l'effort de contraction était le même pour tous les aciers, l'intensité de la trempe produisant cet effet devrait croître avec le degré de carburation. Mais la contraction ou la pression due au refroidissement brusque est généralement insuffisante pour produire ce résultat. Plus on augmente la rapidité du refroidissement, plus l'acier change de propriétés. Les aciers les moins carburés pourraient seuls faire exception ; à partir d'un certain point, l'effet produit comme dissolution par un accroissement de trempe devrait être nul ; on ne devrait observer que des altérations d'élasticité. Mais, dans ces corps, la limite d'élasticité est atteinte sous des efforts relativement faibles, et la trempe par une variation de température, comme celle qu'on peut effectuer, ne produit pas une pression suffisante pour dissoudre tout le carbone.

Les corps trempés reprennent en général leurs propriétés quand on les recuit, c'est-à-dire quand on les laisse refroidir lentement après les avoir chauffés suffisamment. Quand le recuit est effectué sur un corps homogène dont la composition ne varie pas par la chaleur, son effet est simplement de lui restituer son élasticité primitive. Pour que le recuit soit parfait, il faut qu'il soit fait à une température suffisante et que le refroidissement soit d'autant plus lent que les corps ont plus de volume, afin qu'il n'y ait jamais entre l'intérieur et l'extérieur qu'une différence insignifiante de température; la première condition est nécessaire pour que le métal recouvre l'élasticité qu'il a perdue lors de la trempe, la seconde condition doit empêcher dans les diverses phases du refroidissement la production d'une pression quelconque.

Dans les corps complexes comme les aciers, l'effet du recuit est multiple; indépendamment de la restitution d'élasticité aux fibres altérées par la trempe, il produit la séparation d'une partie du carbone qui reste mélangé. Pour que les corps soient homogènes après le recuit, il faut que cette séparation ait lieu également dans toute la masse; on comprend qu'un refroidissement bien lent est indispensable pour obtenir ce résultat. Pour les grosses pièces d'acier, ce refroidissement exige plusieurs jours, quelquefois plusieurs semaines. Quand on recuit convenablement l'acier, on peut parvenir à supprimer les diverses tensions moléculaires produites antérieurement, les fibres se détendent sous l'influence de la chaleur et reprennent leur élasticité primitive.

Si le recuit est effectué sur une pièce ayant subi des trempes locales, l'effet sera le même. S'il s'agit d'une barre composée d'aciers à divers degrés de carburation, le recuit rétablira un peu plus d'homogénéité. Par l'effet de la haute température à laquelle la barre sera portée, les lignes de démarcation cesseront d'être aussi nettement accentuées et la différence entre les diverses parties sera d'autant moindre que la pièce aura séjourné au feu plus longtemps. Dans le recuit, cet effet de dissémination plus régulière du carbone ne tient qu'à la température à laquelle la pièce est portée; dans la trempe, cet effet est augmenté par la pression résultant du refroidissement rapide.

Le recuit ne doit pas être effectué à une température trop élevée, voisine du point de fusion; on s'exposerait à changer la texture fibreuse du métal qui cristalliserait par un refroidissement lent ; il n'aurait plus alors aucune élasticité, il serait brûlé.

Un même acier peut exister, comme on l'a vu, à une série d'états intermédiaires entre l'état naturel et l'état correspondant au maximum de trempe dont il est susceptible. Les différentes propriétés d'un même acier suivent une loi de variation continue entre ces deux points extrêmes. A l'état naturel, les aciers ont une dureté croissante à mesure qu'ils renferment plus de carbone, qu'ils se rapprochent davantage de l'acier au maximum de saturation. Les ténacités ou résistances à la rupture suivent la même loi, elles augmentent d'une manière continue du fer doux à l'acier le plus vif. Les charges que les aciers peuvent supporter avant d'atteindre leur limite d'élasticité sont encore dans le même cas. Au contraire, les allongements qu'on peut obtenir diminuent quand la quantité de carbone et, par suite, la dureté et la ténacité augmentent. La soudabilité varie comme les allongements; elle est grande dans les fers peu carburés et à peu près nulle dans les aciers riches en carbone.

Quand les aciers sont trempés dans les mêmes conditions, les duretés, ténacités, allongements à la rupture suivent les mêmes lois qu'à l'état naturel ; les duretés et ténacités augmentent par la trempe. Les allongements diminuent. Enfin la différence entre un acier à l'état naturel et le même acier trempé est d'autant moindre qu'il est moins riche en carbone, qu'il se rapproche davantage du fer pur.

Nous ne considérons ici que la trempe obtenue par le refroidissement brusque des aciers chauffés à une température élevée et plongés dans un liquide froid.

Dans ces conditions, les changements de constitution provoqués par la trempe doivent décroître très-vite à mesure qu'on opère sur des aciers moins carburés. Dans les aciers très-vifs l'allongement élastique n'est dépassé que sous une charge très-élevée ; dans les aciers doux, la limite d'élasticité est beaucoup plus promptement atteinte ; un même degré de refroidissement produira donc une contraction, une pression bien moindre dans le second cas que dans le premier.

D'après cet exposé, toutes les fois qu'on recherchera beaucoup de dureté, de ténacité, et qu'on ne tiendra pas à avoir une matière susceptible de déformation, on devra employer les aciers les plus carburés, les plus vifs; c'est dans cette classe qu'on choisit les aciers pour outils ne travaillant pas au choc. Dans les constructions où on a besoin d'une matière plus souple, on devra se servir de fers beaucoup moins carburés; ce sont les aciers doux.

On conçoit aussi que la trempe suivie d'un recuit puisse être employée pour améliorer certaines pièces de fers plus ou moins carburés et spécialement pour en rétablir l'homogénéité perdue dans les différentes phases de la fabrication[1]. Les fers du commerce renferment tous un peu de carbone et sont par suite soumis, comme les aciers, mais à un degré moindre, aux influences de la trempe et du recuit. La chaleur produit dans le fer la dissolution et une dissémination plus complète du carbone mélangé et probablement des autres corps étrangers. La pression qui suit la trempe accroît cette dissémination. Enfin, dans le recuit, la chaleur continue l'effet produit et le refroidissement lent permet aux molécules de se grouper de façon à supprimer à peu près complétement les diverses tensions intérieures.

Dans un grand nombre de cas, on fait suivre la trempe d'un recuit incomplet de façon à amoindrir les tensions moléculaires exagérées, tout en conservant au métal la majeure partie des propriétés qu'il doit à la trempe: la dureté, la ténacité et aussi une composition plus homogène. On donne alors au recuit une intensité d'autant plus grande qu'on veut restituer plus de valeur à l'élasticité.

Le recuit partiel après trempe est pratiqué sur les plaques de blindage. La trempe effectuée après le laminage les rend plus homogènes dans toute leur masse par la compression qu'elle produit dans tous les sens. La dureté ou résistance à la pénétration des projectiles est augmentée; mais le métal devient cassant et d'autant plus que la trempe est plus forte, ou, pour une même chute de température, que la plaque est plus épaisse.

La fragilité disparaîtrait entièrement par un recuit complet; mais, pour conserver de la dureté, on ne donne le recuit qu'au rouge un peu sombre; cette température est insuffisante pour resti-

[1] Dans les grosses pièces de fer et d'acier, on emploie aussi la trempe pour empêcher la cristallisation du métal à l'intérieur produite par un refroidissement lent, surtout quand les pièces ont été très-chauffées.

tuer aux diverses fibres toutes leurs propriétés élastiques, mais elle permet de conserver la majeure partie de la dureté provenant de la trempe.

Sur les plaques d'épaisseurs inférieures à 20 centimètres, ce recuit est suffisant pour le but qu'on se propose ; on obtient un métal résistant à la pénétration des projectiles et se brisant rarement sous leur choc. Dans les plaques plus épaisses soumises à la trempe et au recuit dans les mêmes conditions, les tensions moléculaires après trempe conservent plus de valeur après le recuit ; les plaques résistent toujours bien à la pénétration, mais elles ont encore une fragilité notable. Si on voulait éviter cet inconvénient, il serait nécessaire de donner plus de valeur au recuit ; les plaques offriraient un peu moins de résistance à la pénétration, mais elles ne se briseraient plus sous le choc.

On doit pouvoir arriver au même résultat en diminuant l'intensité de la trempe ; on ne peut abaisser la température à laquelle les plaques doivent être portées, puisque, pour avoir l'homogénéité, il faut produire dans le fer la dissolution de toutes les matières étrangères, mais on peut diminuer la rapidité du refroidissement en employant un liquide moins conducteur que l'eau ou en élevant la température de cette eau. Par ce dernier procédé, la pièce chauffée sera soumise à un refroidissement d'abord brusque pour empêcher la séparation du carbone de sa dissolution, puis beaucoup plus lent pour empêcher les tensions moléculaires exagérées.

Ces considérations sont vérifiées par des travaux récents de M. Caron. Dans des expériences de laboratoire, il a pu amener au même degré de dureté, de ténacité et d'élasticité des ressorts en acier qui avaient été les uns trempés et recuits par les procédés ordinaires et les autres simplement trempés à l'eau chaude[1]. Il exprime comme il suit son appréciation à la suite de ces expériences :

« La trempe à l'eau chaude ou mieux bouillante modifie singulièrement l'acier doux contenant de 2 à 4 millièmes de carbone ; elle

---

[1] Nous avons pu vérifier les résultats indiqués par M. Caron. — Un taraud de 20ᵐᵐ trempé à l'eau bouillante sans aucun recuit a pu tarauder des écrous en acier avec la même facilité qu'un taraud trempé et recuit par les méthodes ordinaires ; il ne s'est nullement égrené.

augmente sa ténacité et son élasticité sans altérer sensiblement sa douceur[1]. »

M. Caron, dans des expériences citées dans le même article, est arrivé à régénérer le fer brûlé, par la trempe dans un liquide chaud ; il a employé une dissolution de sel marin chauffée à 110 degrés. La texture primitive est alors restituée au métal par la forte pression due à la trempe et l'étirage des fibres qui en est la conséquence. Le refroidissement lent suivant ce premier effet permet aux fibres reconstituées d'avoir la majeure partie de leurs propriétés élastiques malgré le refroidissement brusque primitif. On voit que la trempe agit dans ce cas comme un véritable forgeage produisant un étirage du métal. Il est probable, d'après cela, que des lingots d'acier trempés à plusieurs reprises seront dans les mêmes conditions que s'ils avaient subi au marteau un léger travail à chaud.

[1] *Bulletin de l'Association scientifique de France*, 14 décembre 1873.

CHAPITRE II

Classification des aciers. — Aciers doux employés aux ports de Lorient et de Brest. — Épreuves.

Les diverses propriétés des aciers, leur résistance, leur allongement à la rupture, la façon dont ils se comportent à la trempe, fournissent un moyen commode de comparer ces produits ; il eût été bien difficile de le faire dans la pratique en se basant sur leur composition.

L'acier employé en France et en Angleterre à la construction des grands bâtiments pouvait toujours se classer parmi les aciers doux. Les constructeurs de l'amirauté anglaise exigeaient pour leurs tôles d'acier des résistances à la rupture de 52 kilogrammes par millimètre carré dans le sens des fibres et de 47 kilogrammes dans le sens perpendiculaire. La résistance dans aucun cas ne devait dépasser 63 kilogrammes[1].

Pour les navires construits aux ports de Lorient et de Brest, on a demandé pour les tôles et les cornières une résistance minima à la rupture de 45 kilogrammes par millimètre carré et un allongement correspondant de au moins 20 pour 100. Pour les poutres supportant les ponts ou barrots formés par des barres à double T de 300 millimètres de hauteur d'âme, en raison de la difficulté de la fabrication, la limite inférieure de l'allongement à la rupture a été abaissée à 18 pour 100. Les tôles ont été fournies à peu près également par les usines du Creusot et de Terre-Noire. Les barres à double T ont été

---

[1] Construction des navires en fer et en acier, par M. Reed, constructeur en chef de l'amirauté anglaise.

EXTRAIT D'UNE CLASSIFICATION DES ACIERS DU CREUSOT.

NUMÉRO DE CLASSIFICATION	QUALITÉ A						QUALITÉ B						QUALITÉ C					
	NON TREMPÉ			TREMPÉ			NON TREMPÉ			TREMPÉ			NON TREMPÉ			TREMPÉ		
	Charge correspondant à la rupture	Charge correspondant à la limite d'élasticité	Allongement pour 100 à la rupture	Charge correspondant à la rupture	Charge correspondant à la limite d'élasticité	Allongement pour 100 à la rupture	Charge correspondant à la rupture	Charge correspondant à la limite d'élasticité	Allongement pour 100 à la rupture	Charge correspondant à la rupture	Charge correspondant à la limite d'élasticité	Allongement pour 100 à la rupture	Charge correspondant à la rupture	Charge correspondant à la limite d'élasticité	Allongement pour 100 à la rupture	Charge correspondant à la rupture	Charge correspondant à la limite d'élasticité	Allongement pour 100 à la rupture
1	76.2	39.0	13	117.0	72.0	2	77.7	41.1	13	119.3	78.5	3.8	79.0	43.2	13	123.0	85.0	5
2	73.6	37.8	15	110.5	68.3	4.8	74.9	40.0	15	115.0	75.5	5.7	76.2	42.2	15	118.3	82.0	6.6
3	70.3	36.4	17	105.6	65.8	7.2	71.8	38.8	17	108.0	71.0	7.8	73.2	41.0	17	112.0	78.0	8.6
4	68.8	34.9	19	96.8	60.6	9.4	68.2	37.3	19	99.0	65.4	10.2	69.8	39.8	19	104.8	72.5	10.8
5	62.8	33.2	21	83.0	56.2	11.1	64.4	35.8	21	91.0	62.1	12.6	65.9	38.3	21	99.0	68.8	13.3
6	53.0	31.0	23	78.7	50.3	13.2	59.7	33.8	23	82.0	55.0	14.8	61.5	36.5	23	89.8	62.2	16.0
7	53.2	28.8	25	68.6	43.8	14.6	55.0	31.8	25	73.8	49.8	17.0	56.8	34.8	25	81.2	56.9	18.2
8	49.2	26.6	27	61.2	37.8	15.0	50.5	29.6	27	65.8	44.7	19.5	52.2	32.7	27	72.6	51.2	20.6
9	45.0	22.5	29	56.2	33.6	21.0	46.7	27.5	29	58.8	40.0	22.0	48.2	30.7	29	63.8	45.3	23.4
10	»	»	»	»	»	»	41.3	23.6	32	51.8	33.0	24.2	43.5	27.8	32	53.2	37.2	27.6
11	»	»	»	»	»	»	»	»	»	»	»	»	39.3	24.4	35	46.0	32.8	33.0

faites par MM. Marrel frères de Rive de Gier, avec des aciers de Terre-Noire; enfin les autres barres profilées ont été livrées par le Creusot.

Les aciers ont été, d'après nos renseignements[1], fabriqués à Terre-Noire par le procédé Bessemer, et au Creusot par le procédé Martin; ces grandes usines sont parvenues, grâce à de nombreux essais et à la sûreté de leur fabrication, à livrer des aciers doux d'une qualité sensiblement constante. Elles peuvent faire varier, au gré de l'acheteur, les propriétés de leurs produits. Le tableau ci-contre est extrait d'une classification récemment adoptée par le Creusot de tous les aciers que cet établissement peut livrer sur commande.

Les chiffres donnés dans ce tableau résultent de nombreux essais; néanmoins, ils ne sont donnés que comme indicatifs et comparatifs. Les barreaux soumis aux épreuves étaient tous tournés sur une longueur de 100 millimètres de façon à avoir 200mm² de section. La trempe a été faite à l'huile sur les barreaux élevés aussi uniformément que possible à une température correspondant au rouge vif.

Les aciers livrés aux ports de Lorient et de Brest, présentant à la rupture une résistance minima de 45 kilogrammes par millimètre carré, ne devaient, d'après ce tableau, atteindre leur limite d'élasticité que sous une charge supérieure à 22 kilogrammes. En estimant que des tôles de fer arrivent à cette limite d'élasticité sous une charge de 16ᵏ5, ce qui est plutôt exagéré dans la plupart des cas, on trouve que, dans une construction, une tôle de fer d'épaisseur e pourra être remplacée par une tôle d'épaisseur e' déterminée par la relation $22\,e' = 16.5\,e$ ou $e' = \frac{3}{4}\,e$ (nous ne considérons que le cas où les tôles travaillent par traction simple). Une tôle de fer de 12 millimètres peut donc être remplacée au point de vue de la résistance à la traction par une tôle de 9 millimètres.

Au port de Lorient, toutes les épreuves de traction faites sur les aciers provenant soit du Creusot, soit de Terre-Noire, ont été effectuées à l'aide d'une romaine construite par M. Frey et susceptible de

[1] Bien que nos renseignements sur la différence des procédés de fabrication dans les deux usines ne soient pas très-complets, nous conviendrons cependant, pour caractériser cette différence, d'appeler acier Martin le métal du Creusot et acier Bessemer celui de Terre-Noire.

produire des efforts de traction variant de 0 à 25,000 kilogrammes
(fig. 1). Les barrettes d'épreuve dont un spécimen est donné (fig. 2)

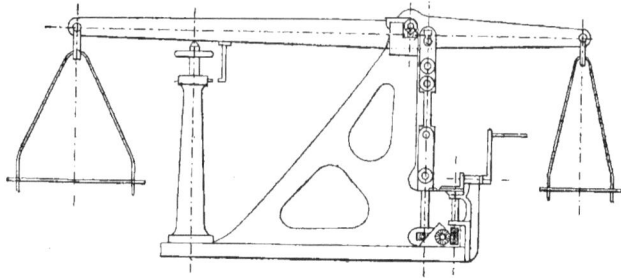

Echelle de 1/50.
1. — Mesurage des efforts de traction.

étaient amenées à une section constante sur une longueur de plus de
20 centimètres; elles formaient à chaque extrémité un épatement et

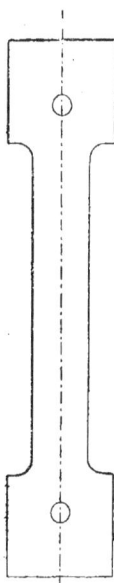

2. — Barrette
d'épreuve à 1/5.

des congés de raccordement assez prononcés réunis-
saient les deux régions de largeur différente; on appor-
tait par ce tracé un grand soin à éviter des angles ren-
trants qui auraient pu être l'origine d'une rupture;
enfin, dans les deux extrémités, des trous percés au
foret permettaient de les rattacher à l'aide de fortes che-
villes aux mâchoires de la machine d'épreuve. Le fléau
de la balance était toujours maintenu horizontal; pour y
parvenir, on abaissait, à l'aide d'une transmission de
mouvement, le point d'attache inférieur de la barrette,
à mesure que l'allongement se produisait. Les efforts de
traction étaient obtenus en chargeant successivement
l'un ou l'autre plateau; on les augmentait graduellement de 20 en 20 kilogrammes en laissant un certain
intervalle de temps entre ces additions de poids pour
donner aux allongements successifs le temps de se produire.

Pour déterminer les allongements à la rupture, on
limitait sur chaque barrette une longueur de 20 centimètres par deux coups de pointeau; on fixait ensuite sur ces mar-
ques les extrémités d'un petit appareil (fig. 3) qu'on vérifiait fré-

quemment et qui indiquait par sa graduation les allongements successifs. Un observateur suivait la marche de l'aiguille et notait après
chaque rupture le chiffre donné par cet instrument et la charge mise
dans les plateaux. Ces épreuves étaient toujours faites par le même
personnel.

Indépendamment des essais à la traction, la douceur du métal a

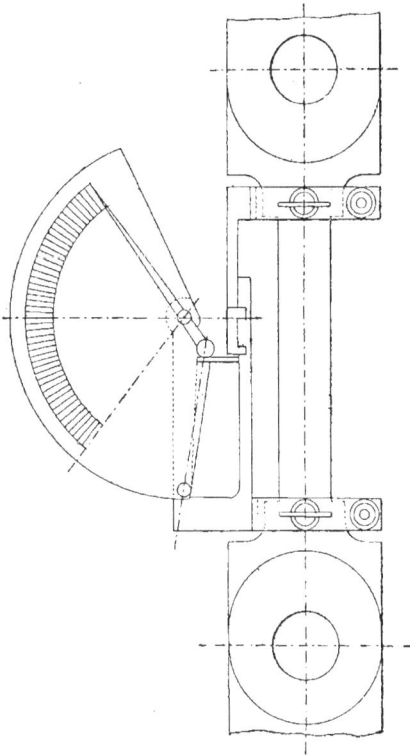

Échelle de 1/5
3. — Mesurage des allongements.

été fréquemment vérifiée par le ployage de bandes découpées dans des
tôles ou barres profilées; cette opération était effectuée au marteau
en ne frappant que sur les extrémités de ces bandes et jamais au
point où avait lieu la flexion; on s'arrêtait au moment où apparais-

saient les premières criqûres et on relevait la forme qu'on avait pu
obtenir et qui servait de terme de comparaison[1].

Les aciers des usines du Creusot et de Terre-Noire, soumis à ces
diverses épreuves, ne donnaient pas les mêmes résultats; il impor-
tait donc de les multiplier suffisamment pour déterminer la valeur
relative de ces produits.

Le grain du métal accusait d'abord une légère différence; pour
l'examiner, on fit au burin des incisions sur des bandes de tôles ou

Échelle de 1/4

4. — Bessemer.   5. — Martin.   6, — Bessemer.
(État naturel.)   (État naturel.)   (Trempé).

7. — Martin.   8. — Bessemer.   9. — Martin.
(Trempé).   (Trempé et recuit.)   (Trempé et recuit.)

de fers profilés; on évitait l'emploi de la tranche qui aurait pu déna-
turer ce grain; les bandes étaient ensuite cassées comme d'habitude
par ploiement. Le métal Bessemer de Terre-Noire présentait une cassure à grains très-fins, légèrement ardoisée et se rapprochant de la
cassure de l'acier proprement dit; par la trempe, le grain devenait
encore plus fin, sa couleur et son éclat ne variaient pas d'une manière sensible. Dans les fers à double T, le grain était un peu plus

[1] L'idée de contrôler les expériences de traction par ces épreuves de déformation ou de
ployage nous a été suggérée par M. Mangin, directeur des constructions navales.

aciéreux que dans les tôles. Le métal Martin du Creusot présentait une cassure à grains un peu moins fins, plus blancs et plus brillants; elle se rapprochait davantage par son éclat et sa couleur de la cassure du fer à grains; la trempe ne la modifiait pas d'une façon très-appréciable. Dans tous les cas, le grain était de la plus grande homogénéité en tous les points de la surface.

On détacha à la machine à raboter des bandes sur des tôles des deux provenances et on obtint les déformations moyennes (fig. 4) sur une série de tôles Bessemer et (fig. 5) pour une série de tôles Martin[1].

Les figures 6 et 7 donnent les déformations moyennes obtenues après trempe et les figures 8 et 9 après trempe et recuit. La trempe était faite en chauffant les bandes au rouge cerise et les plongeant dans de l'eau à 10 degrés. Le recuit s'obtenait par un chauffage au

Échelle de 1/4.

  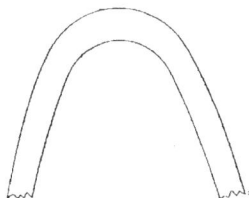

| 10. — Fers en H. | 11. — Fers en H. | 12. — Fers en H. |
| (Pannes. État naturel.) | (Ame. État naturel.) | (Pannes. Trempés.) |

rouge cerise. Ces expériences étaient faites sur des bandes de 8 millimètres d'épaisseur pour le métal Bessemer et de 9 millimètres pour le métal Martin; l'épreuve était, par suite, un peu plus difficile pour celui-ci.

L'acier Martin a supporté à l'état naturel l'épreuve du ployage un peu mieux que l'acier Bessemer; la différence est faible, mais elle est très-accentuée après trempe, et on remarque à ce point de vue une infériorité très-marquée des produits de Terre-Noire. Enfin, après le recuit, l'élasticité est redevenue sensiblement ce qu'elle était avant la trempe.

[1] Les déformations indiquées pour les épreuves de ployage résument chacune plusieurs épreuves.

Des bandes découpées dans des fers à double **T** ont fourni à l'état naturel les déformations moyennes (fig. 10) pour des bandes taillées dans les pannes ayant une épaisseur moyenne de 14 millimètres et (fig. 11) pour des bandes taillées dans l'âme d'une épaisseur de 11 millimètres. Après trempe on a observé des commencements de criqûres quand les bandes étaient à la forme fig. 12 pour les premières et fig. 13 pour les autres. Le métal des fers à double **T** et surtout la région de l'âme paraît donc éprouver par la trempe une altération d'élasticité plus accusée que celle qu'on peut voir sur les tôles Bessemer en pareille circonstance.

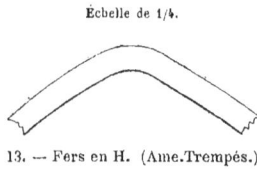

Échelle de 1/4.

13. — Fers en H. (Ame.Trempés.)

De nombreuses épreuves de traction faites sur des tôles, cornières et barres à double T ont donné comme moyennes les résultats suivants :

Aciers non trempés.

	RÉSISTANCE A LA RUPTURE par mm² de la section initiale.	ALLONGEMENT POUR 100 à la rupture.
Tôles Bessemer	k 49.8	20.2
Fers en H Bessemer.	51.7	19.3
Tôles Martin.......	45.2	24.1
Cornières Martin...	45.7	21.7

Les expériences de recette faites en grand nombre aux usines par les soins d'ingénieurs de la marine ont donné les moyennes qui suivent et qui résument plus de 50 recettes exigeant chacune plusieurs expériences de rupture. On doit remarquer que ces épreuves étaient faites avec des appareils différents au Creusot et à Terre-Noire.

	RÉSISTANCE A LA RUPTURE par mm² de la section initiale.		ALLONGEMENT POUR 100 à la rupture.	
	EN LONG.	EN TRAVERS.	EN LONG.	EN TRAVERS.
Tôles Bessemer	48.8	48.6	22.9	21.9
Tôles Martin.......	47.1	47.4	24.2	23.3
Fers en H Bessemer.	52.6		21.1	
Cornières Martin...	48.0		24.5	

Quelques expériences de traction après trempe ont été effectuées au port de Lorient. La trempe était obtenue de la même manière que pour les bandes d'épreuves citées précédemment.

On a ainsi obtenu :

Aciers trempés.

	RÉSISTANCE A LA RUPTURE par mm² de la section initiale.	ALLONGEMENT POUR 100 à la rupture.
Tôles Bessemer	69.7	»
Fers en H Bessemer.	75.3	6.4
Tôles Martin.......	54.5	»

Quelques autres expériences de traction ont été faites après trempe et recuit. On a observé qu'un recuit bien fait restituait dans tous les cas au métal la ténacité et l'élasticité primitives modifiées par le fait de la trempe.

Enfin, en essayant ces différents produits à la lime, on a remarqué que les fers à double T étaient les plus durs à entamer ; venaient ensuite les tôles de Terre-Noire et enfin les tôles et cornières du Creusot sensiblement plus douces que les précédentes. Après trempe, les duretés pouvaient se classer dans le même ordre.

On peut conclure de ces diverses épreuves que les aciers de Terre-Noire ont plus de résistance à la rupture, plus de dureté, moins d'élasticité que ceux du Creusot ; ils sont beaucoup plus modifiés par la trempe ; ils présentent en un mot les caractères de fers plus carburés. En outre, les barres profilées paraissent un peu plus acié-reuses que les tôles d'aciers de même origine. Il est difficile d'expliquer ce fait encore un peu douteux sans connaître toutes les circonstances de la fabrication. Peut-être les tôles subissent-elles aux fours une décarburation plus marquée que les barres profilées ; les tôles de peu d'épaisseur offrent dans les dernières chaudes sous le même volume une plus grande surface à l'action d'une flamme peut-être un peu oxydante.

CHAPITRE III

Travaux communs aux tôles et aux divers fers profilés.
Poinçonnage. — Cisaillage. — Forage. — Martelage.

Les travaux auxquels doivent être soumis les matériaux entrant dans la construction d'un bâtiment sont très-multiples. Les uns sont communs à ces matériaux sous quelque forme qu'on les emploie. Nous examinerons d'abord les effets qui résultent de ces opérations sur l'acier doux en prenant le poinçonnage pour point de départ. Nous étudierons ensuite l'influence des divers procédés spécialement applicables aux tôles, puis aux cornières et enfin aux fers en H.

Le poinçonnage, d'après les expériences faites jusqu'à ce jour, passe pour altérer notamment la ténacité de l'acier. De nombreuses expériences faites à ce sujet en Angleterre sont relatées dans l'ouvrage de M. Reed sur la construction des navires en fer et en acier. L'auteur, se basant sur ces expériences, recommande l'emploi à peu près exclusif du forage ; il indique toutefois différents moyens de diminuer l'altération produite par le poinçonnage (tels que le recuit, l'emploi de matrices d'un diamètre plus grand que celui du poinçon, etc.).

Les épreuves de traction faites au port de Lorient sur des tôles de Terre-Noire poinçonnées prouvèrent tout d'abord qu'avec le mode d'expérimentation employé, la largeur des barrettes d'essai exerçait une grande influence sur la ténacité observée. Les résultats qui suivent ont été obtenus, sur des tôles de Terre-Noire de 7 millimètres d'épaisseur ; les barrettes d'essai étaient poinçonnées en leur milieu d'un trou débouché avec un poinçon de 17 millimètres et une matrice qui pour les unes était de 18 millimètres et pour les autres

de 21 millimètres. On avait ainsi dans le premier cas des trous sensiblement cylindriques, et dans le second cas des trous coniques :

LARGEUR des barrettes d'essai.	RÉSISTANCE A LA RUPTURE PAR MILLIMÈTRE CARRÉ.			
	Poinçonnage cylindrique.		Poinçonnage conique.	
	Sens des fibres.	Perpendiculaire aux fibres.	Sens des fibres.	Perpendiculaire aux fibres.
millim.	kilogr.	kilogr.	kilogr.	kilogr.
32	42.7	42.5	50.0	50.7
50	4.08	41.5	44.5	43.3
68	39 8	37.1	41.4	38.2
86	35.7	»	35.2	»
104	38.2	»	36.1	»
122	36.4	»	37.4	»

D'après ce tableau, on peut d'abord remarquer que les résistances
dans le sens des fibres et dans la direction perpendiculaire sont sensiblement les mêmes. Le même fait résulte
aussi manifestement des épreuves de traction
faites en si grand nombre aux usines et indiquées au chapitre précédent. Les allongements
à la rupture sont également les mêmes dans
les deux cas. Dans l'exposé qui va suivre, nous
cesserons donc d'établir une distinction entre
la résistance en long et la résistance en travers.
Toutes les barrettes d'épreuve dont il sera
question ultérieurement ont d'ailleurs été toujours prises dans le sens de la grande lon-

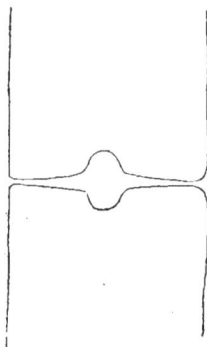

Échelle de 1/4.

11. — Forme de la cassure. gueur des tôles.

Les résultats du tableau qui précède accusent dans les tôles une
forte altération apparente due au poinçonnage. Pour les barrettes les

plus larges, la résistance à la rupture semble éprouver une réduction de près de 30 pour 100.

On doit remarquer en outre :

1° Que la ténacité semblait diminuer avec les deux modes de poinçonnage quand la largeur des barrettes augmentait ;

2° Que le poinçonnage conique semblait ne pas altérer sensiblement les barrettes de peu de largeur, le poinçonnage cylindrique paraissant toujours les altérer d'une façon notable ;

3° Que l'effet des deux modes de poinçonnage semblait le même sur les barrettes les plus larges.

L'altération due au poinçonnage ne saurait donc porter sur la ténacité du métal, car les barrettes les moins larges devraient résister le moins. Mais ces résultats pourraient s'expliquer par une altération de l'élasticité. Cette explication semble d'autant plus plausible que, dans les larges barrettes de l'état précédent, la forme de la cassure (fig. 14) prouvait que les fibres centrales s'étaient allongées moins que les autres et indiquait une rupture commencée par le centre.

On était donc conduit à rechercher si les fibres voisines des trous de poinçon avaient leur élasticité altérée et quelle était, dans ce cas, l'étendue de la zone d'altération. Dans ce but, 4 séries de barrettes (fig. 15) furent tracées sur une tôle de Terre-Noire. Au milieu de deux de

15. — Échelle de 1/1.

ces séries, on poinçonna des trous cylindriques (diamètre du poinçon 17 millimètres, de la matrice 18 millimètres) et au milieu des deux autres des trous coniques (diamètre du poinçon 17 millimètres, de la matrice 21 millimètres). Ces trous étaient à peu près à l'écartement des rivets dans un joint étanche. On découpa ensuite dans

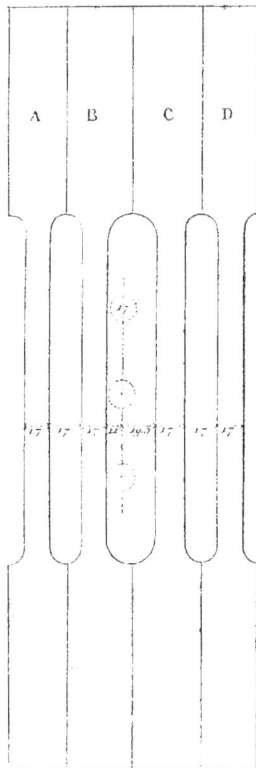

chaque série quatre barrettes suivant le tracé de la figure, de façon à
obtenir, parallèlement aux lignes de trous, des bandes de tôles à dis-
tance différente de ces trous.

MARQUE des barrettes.	RÉSISTANCE A LA RUPTURE par mm² de la section initiale.		ALLONGEMENT POUR 100 à la rupture.	
	Poinçonnage cylindrique.	Poinçonnage conique.	Poinçonnage cylindrique.	Poinçonnage conique.
	kil.	kil.	kil.	kil.
A	49.7	48.2	21.5	19.0
	49.6	48.7	21.5	22.0
B	48.4	48.9	22.0	21.5
	48.7	48.7	20.0	22.0
C	48.4	48.4	22.0	21.0
	48.4	48.7	20.0	21.0
D	49.2	49.1	20.0	20.0
	48.7	50.0	22.0	20.5

Ces essais prouvaient que l'allongement pas plus que la ténacité
n'étaient altérés dans les parties éprouvées. Il pouvait cependant se
faire que l'altération d'élasticité n'ayant lieu que sur une zone con-
centrique à chaque trou de poinçon et atteignant faiblement les barrettes B ou C ne fût pas notablement perceptible à l'essai précédent.
On chercha à produire, sur de nouvelles barrettes de la même tôle,
une altération aussi complète que possible en les découpant sur leur
contour avec un poinçon carré. Après le poinçonnage, on enleva sur
ces barrettes $1^{mm}5$ à 2 millimètres, de chaque côté, à la lime, afin
d'égaliser les bords. Ces barrettes rompues donnèrent pour résultats
une résistance moyenne à la rupture de 48 kilogrammes et un allongement moyen de 21.2 pour 100. Il était dès lors manifeste que l'altération d'élasticité, si elle existe, ne se produit d'une façon sensible

que dans la zone de $1^{mm}5$ environ entourant les trous de poinçon et supprimée dans tous les essais précédents.

Des épreuves de déformation par ployage prouvèrent que l'élasticité était effectivement altérée dans cette zone. Des bandes de tôles Bessemer ayant un côté cisaillé, l'autre découpé au poinçon, arrivèrent à la déformation (fig. 16).
Les criqûres se produisirent toujours sur les bords soumis à l'action de la cisaille et surtout du poinçon et jamais au milieu. Si on compare cette courbure à celle qu'on avait pu obtenir sur des tôles Bessemer rabotées (fig. 4), on voit que ces outils avaient pour effet de di-

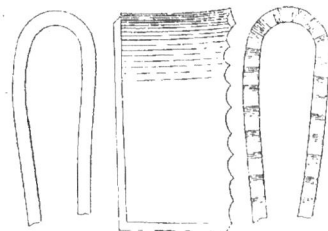

Échelle de 1/4.

16. — Bessemer. (État naturel.)

minuer l'élasticité du métal dans le voisinage des points où ils agissaient.

Cette zone altérée ne devait pas, d'après les expériences précédentes, s'étendre à plus de $1^{mm}5$ des bords. On rechercha alors si l'enlèvement de la zone environnant le trou du poinçon supprimait la cause des résultats observés. De nouvelles barrettes furent prises dans une tôle de Terre-Noire et poinçonnées d'un trou cylindrique de 17 millimètres avec une matrice de 18 millimètres ; ce trou fut agrandi au foret de façon à enlever un anneau de métal de 1, 2 et 3 millimètres d'épaisseur et à obtenir ainsi des trous de 19, 21 et 23 millimètres de diamètre. On trouva à la rupture des résultats dont voici la moyenne :

LARGEUR des barrettes.	DIAMÈTRE FINAL des trous.	RÉSISTANCE A LA RUPTURE par millimètre carré de la section initiale.
millim.		kil.
50	19	5 0.8
»	21	50.2
»	23	50.9

Ainsi des barrettes de même largeur 50 millimètres ont donné 40^{k}8 de résistance par millimètre carré avec un trou poinçonné de 18 millimètres (*Voir le tableau* p. 30) et plus de 50 kilogrammes avec le même trou agrandi de 2 millimètres en diamètre. L'enlèvement de cette zone de 1 millimètre avoisinant le trou de poinçon supprime donc la cause d'affaiblissement due au poinçonnage.

Cette expérience étant d'une grande importance fut reprise d'abord sur des tôles de 8 millimètres. Dans une même tôle de Terre-Noire, on découpa des barrettes de 60 millimètres de large dans lesquelles on déboucha des trous cylindriques de 18 millimètres de diamètre. Dans une partie de ces barrettes, le trou était obtenu directement au foret; dans les autres, il était poinçonné à 16 millimètres et agrandi ensuite au foret à 18 millimètres. On avait ainsi dans les deux cas des barrettes finalement identiques en apparence. On trouva comme résistances moyennes à la rupture :

Trou percé au foret 49^{k}2.

Trou poinçonné agrandi 47^{k}6.

D'autres barrettes faites avec une tôle plus épaisse, de 12 millimètres, de Terre-Noire, donnèrent comme résultats moyens :

		LARGEUR des barrettes.	RÉSISTANCE A LA RUPTURE par mm² de la section initiale.
		millim.	kil.
Trous forés à . . .	0^{m}017	45	54.6
— poinçonnés à	0^{m}017	»	43.8
— poinçonnés à	0^{m}015		
— agrandis à. .	0^{m}017	»	53.6
— poinçonnés à	0^{m}013		
— agrandis à. .	0^{m}017	»	52.8

Il est donc bien démontré que les tôles de 7 à 12 millimètres sont soustraites à l'action nuisible du poinçon par l'enlèvement d'une zone annulaire environnant les trous et de 1 millimètre d'épaisseur.

Il était intéressant d'examiner spécialement cette zone. Dans ce but des trous furent percés au même diamètre dans des tôles de 8 et 12 millimètres de Terre-Noire, les uns forés, d'autres poinçonnés et agrandis de 2 millimètres en diamètre. On enleva ensuite sur ces

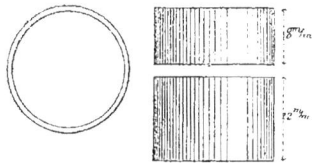

17. — Vraie grandeur.

tôles toute la partie extérieure à la zone en question, et, en opérant avec précaution à l'aide d'un tour, on put obtenir des bagues d'environ 1/2 millimètre d'épaisseur de matière (fig. 17).

En cherchant à aplatir ces bagues, on observa des résultats très-

Vraie grandeur.

18. — Trou foré.   19. — Trou foré.   20. — Trou poinçonné agrandi.

différents. Les bagues avec trous forés purent être complétement aplatis au marteau sans criqûre (fig. 18); en cherchant à les ramener ensuite à leur forme primitive, une criqûre se manifesta aux extrémités (fig. 19).

Les bagues avec trous poinçonnés agrandis subirent aussi bien la

Vraie grandeur.

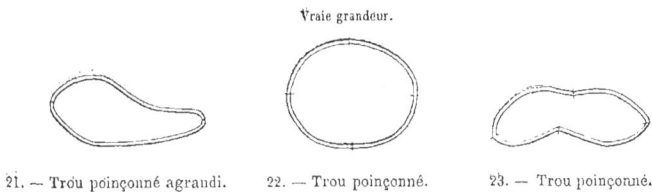

21. — Trou poinçonné agrandi.   22. — Trou poinçonné.   23. — Trou poinçonné.

même épreuve (fig. 20); la première criqûre se manifesta quand on fut revenu à la forme (fig. 21). Au point de vue de cette épreuve, les bagues obtenues de ces deux manières étaient donc dans les mêmes conditions. Quant aux bagues avec trous poinçonnés, il fallut exercer un plus grand effort que sur les précédentes pour commencer à les aplatir; elles ne purent subir qu'une déformation insignifiante et des traces de criqûre se manifestèrent immédiatement (fig. 22). Les figures 23, 24 et 25 représentent quelques-unes de ces bagues après rupture complète; on peut observer que chacun des fragments a toujours la forme d'un arc du cercle primitif. On remarqua aussi que ces dernières bagues se laissaient entamer à la lime plus difficilement

Vraie grandeur.

24. — Trou poinçonné.   25. — Trou poinçonné.

que les précédentes et rayaient un peu la tôle d'acier à laquelle elles avaient appartenu; les bagues obtenues directement ou agrandies par le forage ne produisaient pas cet effet. Les débouchures de poinçon se comportaient à la lime comme le métal les environnant.

Des bagues provenant de trous poinçonnés furent chauffées dans un four à gaz à la température du rouge cerise; on les laissa refroidir sans aucun travail et on les soumit à la même épreuve de déforma-

Vraie grandeur.

26. — Trou poinçonné   27. — Trou poinçonné   28. — Trou poinçonné
recuit.   recuit.   recuit (développé).

tion; toutes purent être aplaties complétement (fig. 26); les criqûres ne se manifestèrent que quand, après aplatissement, elles furent revenues à la forme (fig. 27). D'autres bagues traitées de la même manière, coupées suivant une génératrice, purent être développées complétement et reployées de façon à faire travailler à l'extension l'intérieur de la bague; elles purent être aplaties comme l'indique la figure 28 sans qu'on aperçût aucune criqûre; en poursuivant plus loin la déformation, les criqûres apparaissaient. Cette dernière expérience prouve d'une manière évidente que le poinçon par son action ne détermine aucune espèce de fentes sur les bords du trou qu'il produit. On sait que quelques auteurs admettaient l'hypothèse de ces commencements de rupture pour expliquer la faible résistance observée sur les tôles poinçonnées.

Les tôles Martin du Creusot sont influencées par le poinçonnage à peu près comme les tôles Bessemer. Des bandes en acier Martin, ayant un bord détaché à la cisaille et l'autre au poinçon, essayées aux épreuves de déformation, présentèrent des traces de criqûres quand elles eurent été amenées à des formes dont la figure 29 repré-

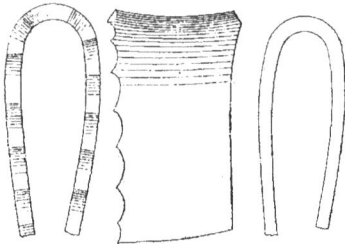

Echelle de 1/4.
29. — Martin (État naturel).

sente la moyenne. Les criqûres se manifestèrent à peu près en même temps sur les bords cisaillés et poinçonnés. Les bandes en tôle Martin avaient 9 millimètres; les bandes en tôle Bessemer ayant subi la même épreuve (fig. 16) n'avaient que 8 millimètres; en tenant compte de cette différence d'épaisseur, on voit que la cisaille et le poinçon agissent à peu près également sur les tôles des deux provenances.

Des barrettes de 60 millimètres de large en tôle Martin ayant en leur milieu un trou poinçonné et rompues à l'appareil de traction accusèrent une résistance moyenne de 34^k5 par millimètre carré. Des barrettes de la même tôle, de la même largeur, avec des trous forés, donnèrent une résistance de 43^k7.

On a vu dans un tableau précédent que les barrettes en métal Bessemer de même largeur avec trou poinçonné accusaient une résistance d'environ 40 kilogrammes. D'autres barrettes d'une même tôle

Bessemer de 60 millimètres de large donnèrent 40^k1 de résistance avec trou poinçonné et 51^k4 avec trou foré.

D'après ces chiffres, pour une largeur de barrette de 60 millimètres, le perte apparente de ténacité est donc de 21 pour 100 pour les tôles Martin et de 22 pour 100 pour les tôles Bessemer; on peut admettre qu'elle est sensiblement la même.

En enlevant au tour l'anneau entourant des trous poinçonnés dans

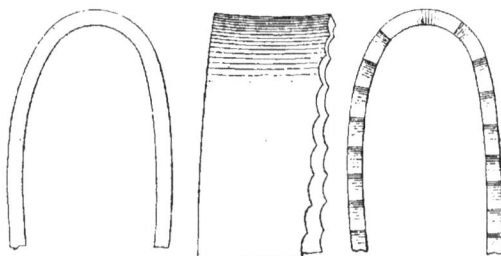

Échelle de 1/4.
30. — Bessemer (trempé).

des tôles Martin et cherchant à déformer ces bagues, on trouva un métal à peu près aussi cassant que pour les tôles Bessemer.

La trempe a une influence assez remarquable quand on l'effectue sur des aciers poinçonnés. On l'observa d'abord sur des bandes dé-

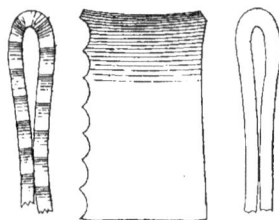

Échelle de 1/4.
31. — Martin (trempé).

coupées comme les précédentes dans des tôles de Terre-Noire et du Creusot. Un bord était cisaillé et l'autre poinçonné. Ces bandes, chauffées au rouge cerise, trempées à l'eau froide et essayées à la déformation, manifestèrent leurs premières criqûres quand elles furent amenées aux formes moyennes (fig. 30) pour les tôles Bessemer et (fig. 31) pour les tôles Martin. Les criqûres se produisirent aussi souvent dans la partie centrale que sur les bords cisaillés et poinçonnés. Si on rapproche ces déformations de celles obtenues après trempe sur des bandes rabotées et représentées (fig. 6 et 7) on n'observe que des différences très-minimes entre les bandes provenant des mêmes tôles.

Des essais de trempe furent aussi faits sur des barrettes de 60 millimètres de large taillées dans des tôles Bessemer et Martin et percées en leur milieu d'un trou de 17 millimètres tantôt foré, tantôt poinçonné. Ces barrettes rompues à l'appareil de traction accusèrent des résistances dont nous donnons les moyennes.

	RÉSISTANCE A LA RUPTURE par millimètre carré.	
	Tôles Bessemer.	Tôles Martin.
	kil.	kil.
Trou foré............	70.2	54.3
— poinçonné........	68.2	52.6

On peut donc admettre que la trempe effectuée sur des aciers travaillés à la cisaille et au poinçon les ramène au même état que si leurs bords avaient été rabotés, leurs trous forés et s'ils avaient été soumis au même degré de trempe.

D'après l'expérience de recuit faite sur des bagues entourant des trous poinçonnés et signalée précédemment, le recuit doit produire une grande amélioration sur la résistance apparente des tôles poinçonnées. Ce résultat signalé par plusieurs auteurs a été vérifié sur des barrettes en tôle Bessemer de 50 millimètres de large. Ces barrettes après un recuit effectué dans les mêmes conditions ont donné les résistances moyennes qui suivent.

	RÉSISTANCE A LA RUPTURE PAR MILLIMÈTRE CARRÉ.
Poinçonnées recuites...	46^k.5
Percées au foret d°.....	47^k.3
Poinçonn. agrandies d°.	47^k.8

Des barrettes prises dans la même tôle, de même largeur et poinçonnées sans recuit, ont donné une résistance à la rupture de 38^{k}6. Le recuit ramène donc l'acier dans le même état que s'il avait été travaillé au foret et à la machine à raboter au lieu d'être soumis au poinçonnage.

Des bandes en tôle Bessemer et Martin furent aussi découpées à la

Échelle de 1/4.

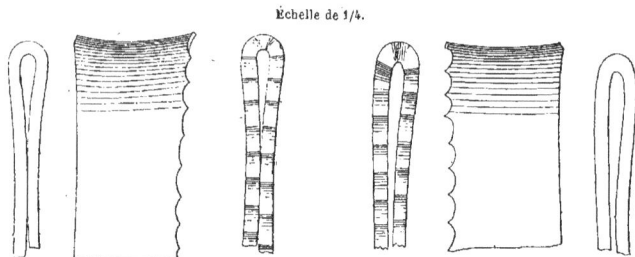

32. — Bessemer (trempé et recuit).   33. — Martin (trempé et recuit).

cisaille et au poinçon et soumises successivement à la trempe et au recuit. En essayant de les ployer après la dernière opération, on put les amener aux formes (fig. 32) pour les tôles Bessemer et (fig. 33) pour les tôles Martin.

Dés barrettes des deux provenances, les unes avec trous forés, les autres avec trous poinçonnés, sur lesquelles on effectua cette double opération de trempe et de recuit, donnèrent à la rupture:

	RÉSISTANCE A LA RUPTURE PAR mm².	
	Tôles Bessemer.	Tôles Martin.
Trou foré...............	47^k.5	41^k.5
Trou poinçonné.......	56^k.7	47^k.8

Il est probable que le recuit de ces dernières barrettes n'a pas eu lieu à une température suffisamment élevée pour faire disparaître la totalité de la trempe obtenue dans la première opération.

En résumant ce qui précède on peut conclure de ces expériences faites sur des tôles de 7 à 12 millimètres :

1° Que les effets du poinçon et de la cisaille sont essentiellement locaux et ne s'étendent que sur une zone restreinte d'une largeur inférieure à 1 millimètre sur les bords de la rive cisaillée ou du trou poinçonné ;

2° Qu'aucune fente ou criqûre n'existe dans la partie altérée ;

3° Que la trempe détruit les effets de la cisaille et du poinçon en ramenant le métal à l'état où il serait si la cisaille et le poinçon avaient été remplacés par les machines à raboter ou à forer ;

4° Que le recuit seul ou après trempe détruit comme la trempe seule les altérations de la cisaille et du poinçon.

Ces différents résultats s'expliquent facilement à l'aide des considérations exposées précédemment. Les machines à cisailler ou à poinçonner produisent dans le voisinage des parties soumises à leur action une pression locale d'une grande intensité. D'une part, la limite d'élasticité du métal est dépassée; il ne pourrait plus fournir ultérieurement les mêmes allongements à la rupture; mais ce seul effet n'explique pas les accroissements observés dans la dureté et la ténacité. D'un autre côté, cette pression provoque la dissolution du carbone mélangé et effectue une véritable trempe dans la partie atteinte par la cisaille, autour des trous de poinçon et sur les débouchures résultant de son action. Ces régions acquièrent alors plus de dureté, plus de ténacité, et ne sont plus susceptibles que d'un faible allongement. La trempe ainsi produite a une intensité beaucoup plus considérable que celle qu'on peut obtenir par un refroidissement brusque. La pression du poinçon est en effet suffisante pour dépasser la limite de résistance du métal, et on ne peut jamais produire cet effet en trempant les aciers doux de peu de volume à l'aide d'un simple refroidissement; dans ce dernier cas, la pression et les effets qu'elle produit sont forcément bien moindres. C'est ainsi qu'une bague entourant un trou foré, et trempée par le refroidissement le plus brusque qu'on ait pu obtenir, a fourni la déformation (fig. 34) très-différente de celle obtenue avec des bagues entourant des trous poinçonnés dans les mêmes tôles.

En admettant cette théorìe, on peut se rendre compte des différents faits observés et d'abord de l'influence de la largeur des barrettes sur leur ténacité apparente, influence que montre le tableau page 30.

34. — Bessemer, foré trempé.

Supposons que la zone d'action du poinçon soit limitée par un cylindre dont le rayon serait de 1 millimètre supérieur à celui du poinçon. Les différentes fibres d'une barrette d'essai s'allongeront jusqu'à ce que la partie centrale,

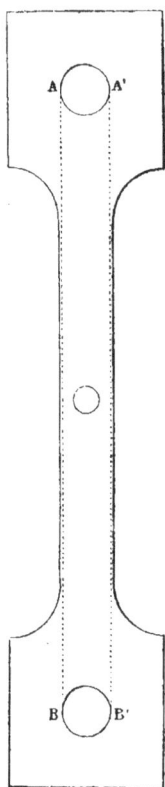

35. — Échelle de 1/1.

trempée et voisine du trou, s'allongeant moins, et supportant par suite la majeure partie de la charge, se rompe suivant une criqûre d'environ 1 millimètre. A partir de ce moment, toutes les fibres, travaillant également, devraient accuser la ténacité normale des tôles d'acier, à condition que la criqûre n'ait pas grande tendance à se propager. Cet effet avait lieu sur les barrettes étroites de 32 millimètres de largeur; elles étaient maintenues à leurs extrémités par un boulon traversant les trous B B' et d'environ 30 millimètres de diamètre (fig. 35). L'effort de traction tendait à se transmettre suivant les tangentes A B, A' B' aux bords des deux trous, et les fibres étaient d'autant plus chargées qu'elles étaient plus voisines de ces lignes. C'était donc à l'extérieur que devait se faire l'allongement maximum; les criqûres devaient ne se produire que sous une charge assez forte et n'avoir que peu de tendance à se propager. Une fois la criqûre produite sur l'étendue de la zone altérée, la section travaillant d'une barrette avec poinçonnage cylindrique (diamètre du poinçon 17 millimètres, de la matrice 18 millimètres) sera de 91mm^2. Si on admet 49 kilogrammes pour résistance normale des tôles Bessemer, ces barrettes rompront sous une charge de 4459 kilogrammes, ce qui donnera comme résistance apparente par mm ^{2} 43^{k}9, c'est-à-dire sensiblement le résultat observé (page 30).

Dans les trous poinçonnés cônes, le métal est un peu moins altéré qu'avec le poinçonnage cylindrique; des bagues détachées autour de ces trous ont pu être déformées légèrement, il est vrai, mais d'une façon sensible (fig. 36). Ce résultat s'explique par la trempe un peu moindre que produit ce mode de poinçonnage; on sait qu'il faut moins d'effort pour déboucher un trou dans une tôle dans ce cas qu'avec le poinçonnage cylindrique. Dans les barrettes d'épreuve, l'allongement peut alors s'effectuer un peu plus régulièrement, les criqûres se manifestent moins vite et on trouve finalement une résistance par millimètre carré différant peu de celle des barrettes forées.

36. — Vraie grandeur.

Pour bien mettre en lumière l'influence de la position du trou de poinçon par rapport aux tangentes A B, A' B', des barrettes de 32 millimètres de large furent découpées dans une tôle Bessemer suivant le tracé (fig. 37); les unes avaient un trou foré, d'autres un trou poinçonné conique et les dernières un trou poinçonné cylindrique; le centre de ce trou se trouvait toujours sur la ligne A' B' et la zone altérée était ainsi dans la région travaillant le plus. Ces barrettes ont donné à la rupture:

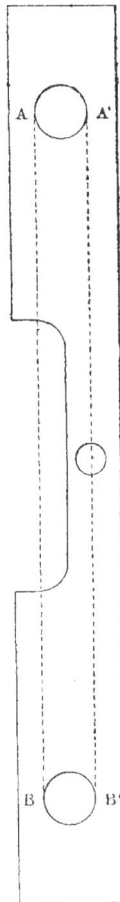

	RÉSISTANCE par millimètre carré.
Trous percés au foret...............	45^k.8
Trous poinçonnés cylindriques........	25^k.2
Trous poinçonnés coniques...........	34^k.0

On ne doit pas comparer ces résultats aux chiffres

37. — Échelle de 1/4.

obtenus précédemment; la traction se complique en effet, ici, d'une flexion; mais cette expérience montre très-bien l'influence de la position, dans une barrette, de la zone altérée; elle fait voir aussi que le poinçonnage conique exerce sur les petites barrettes un effet considérable bien que ne paraissant pas aussi fâcheux que le poinçonnage cylindrique, et que le mode de suspension des morceaux de tôle éprouvés a seul empêché beaucoup d'expérimentateurs de s'en apercevoir.

Il est facile d'expliquer la diminution de ténacité après poinçonnage, qui semble plus considérable dans les barrettes de grande largeur. Là, les fibres extérieures très-éloignées du trou de poinçon sont moins chargées; c'est dans le voisinage de ce trou qu'a lieu la plus grande traction, et, à un certain moment, les criqûres produites dans la zone altérée se propagent jusqu'à la rupture finale. On conçoit aussi que pour deux barrettes, toutes deux larges, mais de largeur inégale, on trouve peu de différence dans les résistances à la rupture par millimètre carré, les criqûres se propageant au moment où les charges sur la partie centrale sont les mêmes.

Pour des barrettes de largeur moyenne, on doit d'ailleurs observer des résultats intermédiaires entre les précédents, la différence entre les effets des deux genres de poinçonnage devenant de plus en plus faible quand on augmente la largeur des barrettes.

Pour les barrettes où ne se produit aucun de ces commencements de rupture, soit qu'elles aient été forées directement, soit que le trou poinçonné ait été agrandi au foret, aucune criqûre n'ayant lieu, elles peuvent supporter une charge beaucoup plus grande par millimètre carré, quelle que soit leur largeur; elles devront cependant résister d'autant moins par millimètre carré qu'elles seront plus larges; c'est aussi ce que semble vérifier l'expérience.

Quand on fait des essais de traction, on doit donc tenir grand compte du mode d'attache des barrettes et de leur largeur; ces considérations sont essentielles pour avoir des résultats comparables.

On doit supposer que les faits exposés ci-dessus se reproduisent toutes les fois qu'on poinçonne un métal quelconque, mais à un degré dépendant de la façon dont il se comporte sous le poinçon. L'agrandissement plus ou moins considérable du trou au foret doit toujours suffire à supprimer la cause d'altération. On a voulu s'en rendre

compte pour des tôles de fer. Une première épreuve fut faite pour vérifier l'influence de la largeur des barrettes d'essai sur leur résistance
à la rupture.

	LARGEUR des barrettes.	RÉSISTANCE A LA RUPTURE par millimètre carré.
	millim.	kil.
Sans poinçonnage.....	20	27.6
	30	27.9
	32	26.5
Trou poinçonné conique (diamètre du poinçon, 17mm; de la matrice, 21mm).	50	26.2
	68	23.8
	86	23.2
	104	23.3

Une seconde épreuve eut pour objet de vérifier si un agrandissement au foret du trou poinçonné suffisait pour restituer au métal sa
ténacité apparente primitive ; les barrettes expérimentées avaient
60 millimètres de large.

	RÉSISTANCE A LA RUPTURE par millimètre carré.
	kil.
Trou percé au foret à 19mm............	26.7
— poinçonné à 19mm	23.4
— poinçonné à 17mm, agrandi à 19mm.	25.0
— d° à 15 d° à 19mm.	27.1

D'après ces quelques chiffres, le poinçonnage exerce sur les tôles
de fer des effets comparables à ceux qu'il produit sur les tôles d'acier ;

l'étendue de la zone altérée paraît un peu plus grande, la perte apparente d'après le dernier tableau serait d'environ 12 pour 100.

On peut expliquer cet effet comme pour l'acier par une altération permanente de l'élasticité dans les parties voisines du trou poinçonné et aussi par une dissolution dans le fer, sous l'influence de la pression, des matières étrangères et en particulier du carbone dont il renferme toujours des traces.

On a vu que les tôles poinçonnés et cisaillées, soumises à l'action de la trempe, sont soustraites à l'influence nuisible du poinçon et de la cisaille et se comportent comme des tôles forées ou rabotées soumises aussi à la trempe. Ce fait s'explique par des considérations du même genre que les précédentes. La cisaille et le poinçon trempant le métal dans le voisinage des points où ils agissent, les bandes ainsi altérées n'ont plus l'homogénéité primitive et, sous une déformation relativement minime, des commencements de rupture se manifestent; sur les bandes d'essai, découpées à la cisaille et au poinçon, les criqûres se sont produites toujours sur les bords, la partie centrale ne présentant pas de trace d'altération. Quand, au contraire, ces bandes, altérées localement, sont chauffées et trempées, la partie primitivement trempée par la cisaille ou le poinçon est ramenée à haute température au même état que les bords; une même quantité de carbone est dissoute dans les différents points; la perte d'élasticité est restituée; on a finalement une bande homogène qui conserve son homogénéité après la trempe et qui résiste dès lors au ploiement comme si elle avait été découpée à la machine à raboter ou au foret et ensuite trempée. Les criqûres se manifestent alors aussi bien dans la partie centrale que sur les bords.

Dans les barrettes d'épreuves soumises à la traction, le même fait se reproduit; les barrettes poinçonnées trempées supportent en effet la même charge que les barrettes percées trempées.

C'est, comme on le voit, l'action de la chaleur et non celle de la trempe qui rétablit l'homogénéité; aussi le recuit donne-t-il les mêmes résultats.

En présence des faits qui viennent d'être énumérés, pour conserver aux tôles et fers profilés en acier toute leur valeur, on devrait renoncer à les soumettre à l'action de la cisaille et du poinçon, à moins de leur faire subir ultérieurement un recuit régulier ou de faire disparaître la zone altérée par l'action de ces outils. Si on laisse de côté, pour le moment, la convenance de recuire, que nous examinerons ultérieurement, on voit que les pièces cisaillées doivent être rabotées ou burinées et que le perçage doit s'effectuer soit directement au foret, soit au poinçon avec agrandissement du trou.

Les tôles cisaillées peuvent facilement être rabotées quand elles sont à contour rectiligne ou différant peu de la ligne droite. Dans le cas contraire elles devront être burinées. Cette opération est bien souvent exécutée sur les tôles de fer quand on veut un ajustage soigné et quand on doit matter. Dans beaucoup de cas, elle ne constituera pas un travail supplémentaire. Les cornières devraient être traitées de la même manière; mais on pourra fréquemment s'en dispenser, l'extrémité des cornières qui subit l'action de la cisaille ne jouant généralement comme résistance qu'un rôle bien secondaire.

Le poinçonnage présente des inconvénients reconnus depuis longtemps; le principal résulte des erreurs commises dans la position des trous; avec des ouvriers soigneux et exercés, l'importance de ces erreurs est bien diminuée. Dans les travaux des bâtiments construits à Lorient, où on s'est appliqué spécialement à les éviter, on n'a eu à retoucher qu'un petit nombre de trous, à peine 1 sur 50. Cette retouche s'effectuait à la lime ronde ou queue de rat au lieu du brochage habituel qui présente sur les tôles d'acier les mêmes inconvénients que le martelage dont les effets seront exposés ultérieurement.

Le poinçonnage déforme aussi légèrement la tôle dans le voisinage du trou; la partie déformée est enlevée en grande partie quand on agrandit le trou au foret, et il suffit, dans tous les cas, d'un léger martelage ou mieux de quelques passes à la machine à planer pour redresser les bords des trous.

Pour les fers profilés minces, la déformation due au poinçonnage acquiert généralement plus de valeur et on a renoncé à les percer autrement qu'au foret. Quand les épaisseurs sont fortes, la déformation est très-minime; on l'a constaté sur les fers à double T dont les pannes ont pu être poinçonnées et agrandies au foret; après cette dernière opération, on n'apercevait plus de trace de courbure sur les bords des trous.

En présence de ces inconvénients principaux qui peuvent être
amoindris, mais non totalement supprimés, le forage qui ne les
présente pas devra être préféré toutes les fois qu'on pourra l'effectuer économiquement et que l'outillage dont on dispose le per-
mettra.

Afin de se rendre un compte exact du travail nécessaire pour percer
des tôles d'acier avec ou sans poinçonnage, on a fait prendre 10 tôles

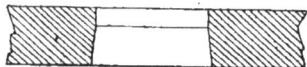

38. — Vraie grandeur.   39. — Vraie grandeur.

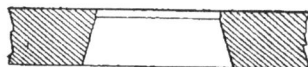

de 8 millimètres et de grande dimension (chacune d'elles pesait environ 300 kilogrammes). Ces tôles symétriques deux à deux devaient
être percées du même nombre de trous; une série de 5 tôles a été
percée au foret, l'autre série a eu ses trous débouchés au poinçon et
agrandis ensuite au foret; la figure 38 représente les trous débouchés au poinçon et la figure 39 les trous agrandis au foret. On a obtenu les résultats suivants :

Tôles percées au foret.

NUMÉRO des tôles.	NOMBRE de trous.	NOMBRE D'HEURES DE TRAVAIL		OBSERVATIONS.
		de la machine à percer.	en main-d'œuvre à 1 ouvrier.	
		h. m.	h. m.	
1	296	18.30	18.30	Trous rapprochés. Tôles à contour curviligne.
2	226	15.30	15.30	
3	110	9.0	9.0	Trous écartés. Tôle rectangulaire.
4	152	11.30	11.30	Trous rapprochés. Tôles rectangu- laires.
5	131	11.0	11.0	
Total.	915	65.30	65.30	

Tôles poinçonnées avec trous agrandis.

NUMÉROS des tôles.	NOMBRE D'HEURES DE TRAVAIL à la machine.			NOMBRE D'HEURES DE TRAVAIL à 1 ouvrier.		
	A poinçonner.	A percer.	Total.	Poinçonnage.	Alésage.	Total.
	h.	h.	h.	h.	h.	h.
1	2.0	7.0	9.0	8.0	7.0	15.0
2	1.15	6.15	7.30	5.0	6.15	11.15
3	1.0	7.0	8.0	4.0	7.0	11.0
4	2.0	4.30	6.30	8.0	4.30	12.30
5	2.0	4.30	6.30	8.0	4.30	12.30
Total.	8.15	29.15	37.30	33.0	29.15	62.15

La main d'œuvre a donc exigé 65ʰ30 pour le perçage au foret et 62ʰ15 pour le poinçonnage avec trou agrandi, ce qui donne, pour ce dernier cas, un bénéfice de 5 pour 100 environ. On doit observer que la main d'œuvre pour le poinçonnage comprend le travail d'un ouvrier conduisant le poinçon et de trois journaliers manœuvrant les tôles. La journée de ces derniers doit être estimée à un taux moins élevé que celle des conducteurs de machine. L'économie de 5 pour 100 est donc un minimum.

Le travail sous les machines a duré pour le forage compelt 65ʰ30 et pour le poinçonnage avec alésage 37ʰ30, c'est-à-dire 42 pour 100 de moins dans le dernier cas.

Enfin le travail sous les machines à percer seules a duré dans le premier cas 65ʰ30 et dans le second 29ʰ15, c'est-à-dire qu'avec le même nombre de machines à percer on peut, en poinçonnant et alésant ensuite les trous, percer dans le même temps deux fois un cinquième plus de tôles qu'en les forant directement.

Cette comparaison est faite au point de vue de l'outillage qui a servi à l'établir, c'est-à-dire de l'outillage existant actuellement à l'atelier des bâtiments en fer de Lorient, en prenant les machines telles qu'elles sont. Il est probable que le travail d'alésage des trous après poinçonnage pourrait se faire plus rapidement avec des machines spéciales. D'autre part, il est certain que si on avait à percer plusieurs tôles dans lesquelles la position des trous serait identique et qui pourraient être percées toutes ensemble, les conditions ne seraient plus les mêmes. Si on avait à percer des tôles dans lesquelles les trous seraient disposés en ligne droite, à un écartement constant, de telle sorte qu'on pût faire agir ensemble plusieurs forets d'une machine à forets multiples, le cas serait aussi bien différent. En laissant donc de côté la question économique des machines à forets multiples dont les avantages seront souvent certains, on voit que l'opération, qui consiste à poinçonner les trous des tôles d'acier pour les agrandir ensuite au foret, n'est pas désavantageuse au point de vue du prix de revient et qu'elle permet, avec un outillage restreint, d'obtenir le même résultat que si on avait plus que doublé cet outillage en machines à percer. Le nombre de ces machines existant au port de Lorient était assez restreint au moment où l'on a entrepris les constructions en acier; les résultats signalés ci-dessus ont été jugés largement suffisants pour faire adopter le poinçonnage avec alésage, malgré les inconvénients reconnus du poinçonnage (*défaut de précision, déformation des tôles*).

L'usine du Creusot a récemment mis à notre disposition, pour continuer ces expériences, des morceaux de tôles d'acier très-doux rentrant dans les catégories B 10 et C 11 de son tableau général de classification (page 20).

Deux barrettes de 20 millimètres de large de la catégorie B 10 ont donné à la rupture une résistance moyenne de 44ᵏ2 et un allongement correspondant de 23.5 pour 100. Deux barrettes de la même tôle poinçonnées d'un trou cylindrique de 17 millimètres et ayant 60 millimètres de large ont accusé une résistance moyenne de 32 kilogrammes par millimètre carré.

Avec la tôle de la catégorie C 11, on n'a pu faire qu'une épreuve de traction à l'état naturel et une autre après poinçonnage. Une barrette de 20 millimètres de large a donné une résistance à la rupture de 39ᵏ8 et un allongement de 28 pour 100. Une barrette de

60 millimètres de large avec poinçonnage cylindrique de 17 millimètres a fourni une résistance apparente de 29^k1 par millimètre
carré.

On doit remarquer que les allongements observés dans ces dernières
épreuves sont notablement inférieurs à ceux qu'indique le tableau
de classification. Cette différence peut provenir du mode d'attache des
barrettes, de l'appareil mesurant les allongements ou encore de la
manière d'effectuer les charges successives. Nous rappellerons qu'on
faisait varier les efforts de traction de 20 en 20 kilogrammes et qu'on
laissait à chaque poids supplémentaire ajouté le temps de produire
son effet. La rupture d'une barrette exigeait au moins un quart
d'heure. Peut être, au Creusot, conduisait-on les expériences avec
encore plus de précautions et de lenteur. Quoi qu'il en soit, comme

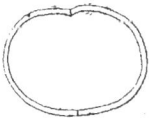

10. — Vraie grandeur.   11. — Vraie grandeur.

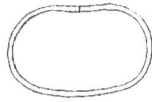

toutes les épreuves faites à Lorient ont été effectuées dans les mêmes
conditions, elles sont comparables entre elles[1].

Des bagues, découpées autour de trous poinçonnés dans ces tôles
d'échantillon, se sont criquées quand elles ont été amenées aux
formes (fig. 40), pour la tôle B 10 et (fig. 41) pour la tôle C 11. Des
bagues entourant des trous forés se sont aplaties complétement; elles
se sont criquées, en essayant de les ouvrir à la forme (fig. 42) pour
la tôle B 10 et à la forme (fig. 43) pour la tôle C 11. Des bagues de
trous poinçonnés recuites au rouge cerise et coupées suivant une génératrice ont été développées de manière à mettre à l'extérieur la
partie qui avait subi l'action du poinçon. On a pu les aplatir complétement sans criqûre. D'après ces dernières épreuves, on voit que les

[1] On doit aussi remarquer que les barrettes expérimentées au Creusot étaient moins
longues que celles que nous avons rompues ; or, dans la période de la traction qui précède
la rupture, les barrettes ont une section étranglée en un point ; cette partie subit dès lors
de grands allongements qui entrent pour une part considérable dans l'allongement total
observé, part d'autant plus grande que les barrettes ont moins de longueur.

tôles sont plus douces que celles qui avaient été expérimentées auparavant.

Ces derniers essais sont en trop petit nombre pour qu'on puisse
les considérer comme aussi sérieux que ceux qui précèdent. On voit
cependant que les tôles employées pour les faire ont été encore fortement altérées par le poinçon et qu'on doit les traiter au point de vue
de l'action de cet outil comme les tôles moins douces mises en œuvre
dans les constructions du port de Lorient. On pouvait prévoir ce fait
d'après l'altération produite par le poinçonnage sur les tôles de fer et
mentionnée précédemment.

Ces tôles du Creusot, susceptibles avant la rupture d'un allongement énorme, ne sont pas beaucoup modifiées par la trempe, comme

42. — Vraie grandeur.   43. — Vraie grandeur.

on le voit d'après les chiffres portés au tableau de classification de
cette usine. Ainsi, en admettant les résultats qui y sont indiqués, les
tôles C 11 à l'état naturel rompent sous un effort de 39^{k}3 et fournissent un allongement de 35 pour 100. Les mêmes tôles, trempées
à l'huile, supportent 46 kilogrammes et s'allongent encore de
33 pour 100. Ainsi la simple trempe modifie très-peu les propriétés
de ces tôles; le poinçon, au contraire, qui réduit fortement la ténacité apparente, les modifie beaucoup. On peut aisément se rendre
compte de cette différence.

Quand on refroidit brusquement les tôles, la couche extérieure,
comme on l'a expliqué dans un des chapitres précédents, doit s'allonger
aux dépens de son élasticité. Pour les tôles de la catégorie C 11, atteignant leur limite d'élasticité sous une charge de 24^{k}4[1], l'allongement
sous cette charge est déjà très-accusé. On peut supposer que les fibres
extérieures refroidies auront, sous une traction peu supérieure à celle

[1] Chiffre indiqué au tableau de classification du Creusot, déjà cité.

de la limite d'élasticité, un volume suffisant pour contenir le métal à l'intérieur. Celui-ci ne semble donc pas devoir être soumis par la trempe ordinaire à un effort de plus de 26 à 27 kilogrammes. Les tôles plus carburées n'atteignent leur limite d'élasticité que sous une charge plus forte; pour une même traction, leurs allongements élastique et permanent sont plus faibles que pour les tôles précédentes. La même trempe doit y provoquer une pression plus considérable et par suite une plus grande dissolution du carbone. Une légère variation de la composition en carbone, qui change beaucoup les conditions d'élasticité, peut donc produire par la trempe des différences accusées. La manière dont les fers carburés se comportent à une même trempe ne dépend, comme on le voit, que des allongements dont ils sont susceptibles.

Au contraire, dans les diverses tôles soumises au cisaillage et au poinçonnage, les altérations sont à peu près aussi fortes. Dans les deux cas, le métal subit, quel que soit son allongement, une pression suffisante pour atteindre la limite de résistance à la rupture; si on prend pour termes de comparaison les résistances à la traction au lieu des résistances au cisaillement qui n'ont guère été étudiées, les tôles C 11 sont soumises par le poinçonnage à un effort de 40 kilogrammes par millimètre carré, les tôles plus carburées comme celles qui ont servi à nos constructions subiront un effort de 45 kilogrammes; la différence est minime, et, tant qu'il n'y a pas saturation dans la dissolution du carbone dans le fer, les dissolutions supplémentaires produites pour le poinçonnage doivent avoir à peu près la même importance. L'altération produite par le poinçonnage dans les fers carburés dépend donc essentiellement de la résistance de ces fers au cisaillement.

Les tôles et fers profilés ont souvent à subir un martelage d'une plus ou moins grande intensité, soit pour les dresser, soit pour les amener à la forme voulue. Le choc du marteau produisant une pression dans la région frappée, on conçoit que son action doive causer des effets comparables à ceux de la cisaille et du poinçon; l'altération qui en résulte doit avoir une importance moindre, puisque la pression produite n'est généralement pas assez forte pour dépasser la limite de résistance à la rupture.

Pour vérifier l'influence du martelage, des barrettes furent taillées dans des cornières du Creusot et soumises à froid à un martelage énergique sur toute leur surface; sous cette influence, l'allongement du métal a été d'environ 7.5 pour 100, les barrettes furent ensuite dressées, amenées à une section uniforme et rompues à la machine d'essai. En opérant sur 6 barrettes de 60 millimètres de large, traitées de la sorte, on obtint une résistance moyenne à la rupture de 53^{k}8 par millimètre carré et un allongement correspondant de 9.7 pour 100. Ainsi le martelage avait augmenté d'une façon très-notable la résistance à la rupture; on a vu que la résistance moyenne des cornières du Creusot à l'état naturel est de 45^{k}7 par millimètre carré. Pour l'allongement, une portion notable, 7.5 pour 100, avait été absorbée d'une façon évidente par le martelage. Les barrettes accusant à la rupture 9.7 pour 100 d'allongement, on avait un total de 17.2 pour 100 au lieu de 24.5. Le métal avait donc eu par le martelage son élasticité très-modifiée. Enfin, on put constater, en limant ces barrettes, qu'elles étaient beaucoup plus difficiles à entamer qu'à l'état naturel; leur dureté avait donc été augmentée. Ce sont là les caractères de la trempe. Le martelage, comme on devait le supposer d'après la théorie qui a été exposée, agit comme le poinçonnage, mais avec une moindre intensité. Sous l'influence de la pression que subissent les parties frappées, le carbone qui se trouvait à l'état de mélange doit se dissoudre plus ou moins en tous ces points.

Cette expérience sur des barrettes martelées a été reproduite avec les tôles des catégories B 10 et C 11 du Creusot déjà mentionnées. On n'a pu faire qu'une barrette de 20 millimètres de large avec chaque tôle. Pour la première, on a obtenu une résistance par millimètre carré de 50 kilogrammes et un allongement de 6 pour 100; pour la seconde, une résistance de 45^{k}6 et un allongement de 10 pour 100. D'après ces épreuves en si petit nombre, il est donc probable que, malgré leur moindre carburation, ces tôles subissent par le martelage un effet du même ordre que celles qui ont été employées aux constructions de Lorient. On s'était efforcé de faire le martelage dans les mêmes conditions que pour les expériences qui précèdent; mais il est bien difficile de régler les coups comme intensité et il est à présumer que ces dernières barrettes ont subi un martelage plus énergique que les premières.

Si on pouvait tremper des barrettes d'acier à un degré suffisant pour produire la dissolution de tout le carbone qu'elles renferment, elles pourraient être soumises à un martelage général et régulier sans accuser de variation sensible dans leur ténacité. Elles perdraient seulement une partie de leur allongement à la rupture, correspondant à la portion absorbée sous les coups du marteau.

Comme autre conséquence des idées exposées ci-dessus, des barrettes martelées comme les précédentes et soumises au recuit doivent recouvrer par ce seul fait leur ténacité et élasticité initiales. Des barrettes traitées dans ces conditions, c'est-à-dire martelées sur toute leur surface, puis chauffées au rouge cerise et refroidies lentement, ont effectivement donné à la rupture une résistance moyenne de 47^k2 et un allongement de 23 pour 100. Elles étaient donc revenues complétement à leur état primitif.

Dans les expériences qui précèdent, les barrettes avaient été martelées aussi régulièrement que possible sur toute leur surface; on avait alors comme résultat un métal sensiblement homogène et trempé à peu près également. Dans la pratique, les tôles et fers profilés n'ont à subir ce martelage qu'en quelques points de leur surface. Après des coups de marteau locaux, le métal doit présenter des indices de défauts d'homogénéité analogues à ceux qu'on observe après le poinçonnage, c'est-à-dire une réduction apparente de ténacité. Cette expérience est difficile à faire sur des barrettes, car cette diminution de ténacité doit être considérable pour être perceptible à la rupture; le métal livré par les usines, quoique d'une homogénéité remarquable, présente en ses divers points des différences de résistance minimes mais du même ordre que celle qu'on pourrait observer à la suite d'un coup de marteau.

On a pu se rendre un compte approximatif de l'effet du martelage local par l'expérience suivante: des barrettes en tôle de 12 millimètres de Terre-Noire ont été soumises à la pression d'un poinçon court de 19 millimètres de diamètre; cette pression a été produite par une presse hydraulique en appuyant les barrettes sur un support en fer. On imprima le poinçon dans les tôles qui présentaient après l'expé-

rience une dépression de 1 millimètre au point comprimé, mais aucun trou n'était débouché. Les barrettes furent ensuite dressées sur
toutes leurs faces et soumises à la rupture par traction. La figure 44
représente la forme moyenne des barrettes après rupture et la circonférence ponctuée indique la partie comprimée. On voit d'après cette
figure que la région comprenant cette circonférence n'a pas subi la
même déformation que le reste de la barrette. La charge de rupture
par millimètre carré a été d'environ 50 kilogrammes ; comme la rupture a eu lieu en dehors de la partie comprimée, on devait trouver
la résistance moyenne des tôles de Terre-Noire. L'allongement

moyen a été trouvé de 18 pour 100, un peu moindre
que l'allongement moyen trouvé sur les tôles à l'état
naturel. Dans cette expérience, la partie comprimée
avait assez d'étendue pour supporter tout l'effort de
rupture malgré l'allongement plus considérable des
fibres extérieures ; mais il est évident qu'avec des
barrettes plus larges, cette région aurait dû rompre
la première, présentant ainsi les phénomènes constatés
sur les tôles poinçonnées [1].

Cette pression peut être comparée à celle qui résulte du choc du marteau, on peut dès lors se rendre
compte de ce qui se passe sur une tôle frappée en un
de ses points. Il y a d'abord, sur la partie frappée,
écrasement du métal et compression dans tous les
sens par la réaction des parties voisines. En second
lieu il y aura trempe par le fait de la pression. Quand

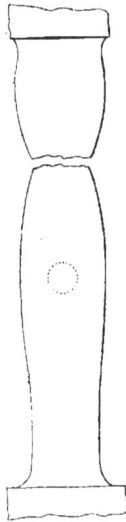

44. — Échelle de 1/5.

on soumettra ensuite cette tôle à une traction suffisante, un allongement notable se produira dans la partie non altérée avant que le même effet se manifeste dans la région altérée,
d'abord parce que celle-ci a déjà fourni un certain allongement et

[1] Une expérience du même genre a été faite tout récemment. On voulait vérifier l'influence fâcheuse que pouvait exercer la bouterolle, quand on l'employait sur des rivets trop
courts. Des barrettes de 60 millimètres de large, percées d'un trou de 18 millimètres obtenu
au foret, reçurent un rivet fraisé dont la rivure fut bouterollée énergiquement, de manière
même à imprimer d'une façon sensible la bouterolle dans le métal. Le rivet étant enlevé et
les barrettes rompues à la machine d'essai, on trouva une résistance à la rupture inférieure
de 4 kilogrammes environ à celle des barrettes à l'état naturel.

qu'elle était, au début de l'expérience, comprimée par les fibres extérieures, puis parce que, étant trempée, elle peut supporter une forte charge avant d'atteindre sa limite d'élasticité. Mais la région non altérée s'allongeant plus vite, la partie frappée arrive à subir une portion de la charge plus considérable que celle qu'elle aurait à supporter dans une barrette homogène, et la rupture aura lieu en ce point sous un effort bien moindre que celui qu'on pouvait attendre.

Quand le coup de marteau est faible, il ne produit qu'un effet de trempe minime et sur une petite épaisseur; il en est de même quand on frappe sur une grande surface. Quand on ne pourra éviter le martelage d'une tôle ou d'une cornière d'acier, le mieux sera de frapper sur une chasse d'une grande surface qui répartira sur une étendue considérable la pression due au choc.

Des tôles ou cornières soumises à un martelage local et recuites ne présentent plus les défauts de fragilité signalés précédemment; la température du rouge cerise à laquelle elles sont portées restitue au métal l'élasticité perdue et le refroidissement lent permet au carbone dissous de se séparer régulièrement de façon qu'on ait finalement un métal homogène.

CHAPITRE IV

Des travaux spéciaux aux tôles.

Indépendamment des travaux qui viennent d'être exposés, les tôles d'acier, pour être amenées à leur forme définitive, ont à subir divers travaux de dressage ou planage et de formage à froid ou à chaud.

Le planage ou dressage peut s'effectuer au marteau ou à la machine à planer. Dans le premier cas, le métal est soumis à tous les inconvénients si nuisibles du martelage; on doit proscrire, autant que possible, cette manière d'opérer, à moins de s'astreindre à un recuit postérieur à tout martelage. Dans le second cas, le dressage se fait à la machine à planer, espèce de laminoir constitué essentiellement par trois cylindres entre lesquels passe la tôle. Celle-ci est obligée de se courber d'une façon régulière; une seconde passe en sens inverse enlève la courbure produite dans la première. Ces deux opérations reproduites un certain nombre de fois font disparaître de la tôle les bosses locales qu'elle peut avoir. Elle n'est soumise dans ce travail qu'à une déformation minime et régulière et à une pression générale qui maintient les différentes fibres dans le même état et ne peut amener aucune influence fâcheuse de trempe locale.

On peut aussi avec cette machine donner aux tôles de la courbure dans le sens de la largeur. Il suffit, si l'écartement des cages le permet, de passer les tôles en travers ou de remplacer les rouleaux cylindriques par des rouleaux galbés dont la pression s'étendant, comme celle des précédents, à toute la surface, ne peut pas présenter d'inconvénient.

Ce procédé de dressage a été employé à peu près exclusivement pour les tôles d'acier mises en œuvre au port de Lorient ; on a constaté qu'après ce travail elles étaient aussi douces qu'auparavant.

Pour les tôles qui ne pourraient être amenées à la forme voulue avec cette machine, on devra chercher à y arriver en produisant la déformation par une pression régulière sur une certaine étendue. Si on a opéré avec précaution, le métal sera resté à peu près aussi doux qu'avant l'opération ; on aura seulement absorbé par la déformation une portion de l'allongement qu'il aurait présenté à la rupture. Dans la plupart des cas il sera donc inutile de recuire.

S'il est impossible de former les tôles sans martelage, sans pressions locales d'une grande intensité, ou si la déformation acquiert une forte importance, il est nécessaire de procéder avec soin et méthode pour éviter les ruptures en cours de travail. Le martelage devra se faire à petits coups sur la surface la plus étendue possible ; la déformation devra avoir lieu en plusieurs opérations. Enfin, quand la tôle sera terminée, on devra la recuire promptement[1].

Le chauffage des tôles d'acier exige des précautions particulières, et on a reconnu depuis longtemps qu'on ne saurait les traiter comme les tôles de fer. Considérons en effet ce qui se passe dans une tôle chauffée dans un feu de forge sur une région plus ou moins étendue. Tandis que les fibres des parties extérieures, qui ne subissent pas l'influence du feu, conservent les mêmes positions et les mêmes dimensions, la partie portée à une haute température se dilate par la chaleur et comprime tout le métal qui l'entoure. Cette compression provoque une trempe et une déformation permanente de la région environnant les points chauffés. Quand la tôle sera retirée du feu, les fibres comprimées et trempées antérieurement seront soumises à une traction progressive produisant une altération de l'élasticité en sens inverse de la précédente et de plus en plus grande à mesure que s'effectuera le refroidissement ; mais l'effet de trempe résultant de la pression primitive ne sera nullement amoindri par cette traction. La région chauffée, au contraire, n'est soumise à la compression que

---

[1] Les tôles dans un état d'équilibre instable seront d'autant plus exposées à la rupture sous les influences extérieures qu'elles resteront plus longtemps dans ces conditions.

quand elle est au feu ; elle ne peut donc se tremper par ce seul fait. Au refroidissement, elle n'est soumise qu'à un effort d'allongement provenant de la résistance que les fibres extérieures déformées opposent à sa contraction. Une tôle qui était primitivement homogène se trouve donc, après son passage au feu, dans un état tout différent de son état primitif. Quand on vient ensuite à lui faire subir une déformation minime, ses différentes fibres ne travaillent plus ensemble, quelques-unes dépassent leur limite de résistance et la tôle peut se briser sous un faible effort. Ces ruptures ont lieu, dans certains cas, sous les causes les plus minimes : l'ébranlement d'un coup de marteau, d'un coup de pointeau, un abaissement de température de quelques degrés, etc.

On doit de plus remarquer que les ruptures doivent se produire, le plus souvent non pas dans la partie la plus chauffée, mais dans la région voisine qui a été trempée et qui a dû subir, dans cet état, lors du refroidissement, un allongement permanent. C'est en effet ce que vérifie l'expérience.

On doit donc éviter autant que possible les chaudes locales ; si on est parvenu, en opérant ainsi, à donner sans accident à une tôle d'acier sa forme définitive, il faut se hâter de la recuire, et on doit dans cette opération s'efforcer de la chauffer bien graduellement, car une augmentation brusque de la température en un point où les tensions moléculaires sont déjà exagérées, pourrait provoquer une rupture. Quand la tôle est chauffée régulièrement à une température suffisante, on peut la laisser refroidir lentement et les effets nuisibles des chaudes locales seront entièrement détruits ; l'homogénéité sera rétablie.

Quand on a besoin de chauffer une tôle d'acier fortement en un de ses points, pour diminuer les dangers de rupture, on peut la chauffer progressivement dans un feu au charbon de bois et disposer des charbons ardents sur une certaine étendue autour de la région à porter au maximum de température en diminuant progressivement la chaleur à mesure que l'on s'éloigne de cette partie ; on s'efforce ainsi de porter une certaine surface de tôle à un degré de chaleur intermédiaire entre celui des points où la température est la plus haute et ceux où elle est la plus basse.

D'après les motifs exposés ci-dessus, on doit aussi éviter sur les tôles tout refroidissement local, qui produirait, comme tout chauffage local, des effets nuisibles quoique généralement d'une moindre importance.

Le martelage à chaud des tôles d'acier ne présente pas d'inconvénient quand il est fait à une température suffisamment élevée; mais, quand une tôle est soumise au martelage depuis le moment où elle est rouge jusqu'à son refroidissement à peu près complet, l'effet produit est au moins aussi nuisible que celui du martelage à froid. Les coups de marteau donnés à chaud maintiennent la dissolution du carbone opérée par suite de la température, tandis que le martelage à froid doit produire la dissolution du carbone mélangé. On conçoit dès lors que, dans le cas d'un martelage prolongé, depuis le moment où la tôle est rouge jusqu'à son refroidissement, la dissolution qui existe finalement soit plus forte que dans le cas d'un martelage opéré complétement à froid.

Quand on aura donc des travaux à effectuer à chaud au marteau, on devra les arrêter quand la température est encore assez élevée pour que, par le refroidissement ultérieur, le carbone puisse se séparer. Avec cette précaution, le martelage à chaud ne présentera aucun inconvénient.

Le travail des tôles d'acier ayant des façons accusées peut se faire suivant différents procédés, en ne perdant pas de vue les soins qui ont été indiqués précédemment. On peut d'abord rapprocher la tôle de la forme voulue par une déformation à froid résultant d'une pression sur une certaine étendue ou par un léger martelage; on s'arrêtera au point où l'on pourrait avoir des chances de rupture, si on poussait la déformation plus loin. La tôle sera soumise ensuite à un recuit bien égal au rouge cerise et pourra subir alors une nouvelle déformation. Après ce recuit, on s'apercevra aisément qu'elle est beaucoup moins dure à travailler qu'à la fin de la dernière opération. On fera ainsi subir à la tôle une série de déformations à froid et de recuits jusqu'à ce qu'elle ait la forme voulue. Après le dernier recuit, elle devra ne recevoir qu'une façon très-minime, en évitant l'emploi du marteau et uniquement pour obvier aux changements que lui aura fait subir le dernier passage au feu.

On peut aussi travailler la tôle après l'avoir chauffée dans toute
son étendue; dans ce cas, on doit s'efforcer de la former par pression
sur une grande surface, par ploiement ou par un martelage qui doit
cesser au rouge sombre. Quand la pièce aura été amenée à sa forme
en une ou plusieurs chaudes, on la mettra au feu une dernière fois
et on la laissera refroidir lentement en évitant de la travailler à ce

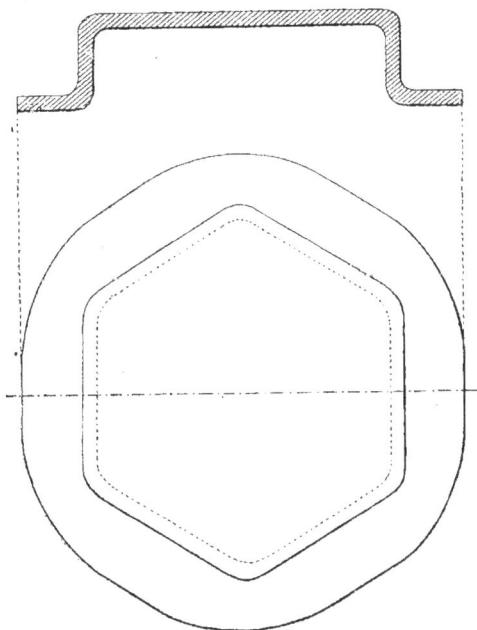

45. — Échelle de 1/5.

moment. Si ce recuit produit une petite déformation, on la corrigera
par une légère retouche à froid.

Les deux méthodes sont également sûres quand on ne s'écarte pas
de leur esprit.

Le façonnage à chaud des tôles d'acier ne présentant aucune difficulté quand on le cesse au rouge, ce métal doit se prêter parfaitement
aux travaux d'étampage en quelques coups de marteau rapidement
donnés. Nous en citerons deux exemples.

On a pu obtenir sans difficulté et en grand nombre les pièces (fig. 45) faites avec de la tôle d'acier de 10 millimètres. Elles présentent, comme on le voit, une forme analogue à celle d'un chapeau dont le fond aurait un contour polygonal[1]. On s'est servi, pour les préparer, d'une enclume portant un mamelon prismatique qui se reproduisait en creux dans une étampe fixée à un marteau pilon. La tôle, chauffée dans un four au rouge cerise vif, était placée sur l'enclume, et, en deux coups de pilon, on l'amenait à la forme cherchée. Cette fabrication se terminant à haute température, par suite de la rapidité avec laquelle on l'effectuait, n'a donné lieu à aucune observation ; les tôles ont été trouvées très-douces après avoir subi cette déformation ; la lime et le burin les entamaient avec autant de facilité qu'auparavant. On s'est alors dispensé d'un recuit ultérieur.

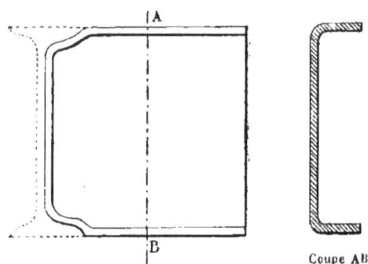

46. — Échelle de 1/10.

D'autres tôles ont subi un travail d'étampage pour former des encadrements (fig. 46) entre les fers à double T constituant la charpente des ponts. Une pince de 80 millimètres a été rabattue sur trois côtés de ces tôles de 8 millimètres d'épaisseur ; ces pinces présentaient des épaulements correspondants aux ailes des fers à double T. La tôle étant disposée à plat sur une enclume était formée en un coup de pilon. Mais, par cette seule opération, on n'a pas pu donner aux arêtes de la pince rabattue des contours assez accentués ; on a dû former ces angles dans une seconde chaude dans laquelle la tôle était saisie ·sur une enclume spéciale et travaillée au marteau. Un recuit complet suivait ce dernier travail. Ces pièces ont été ainsi

---

[1] On a étampé plus de 70 calottes (fig. 45) ; aucune n'a été manquée.

fabriquées en très-grand nombre sans incident particulier ; le métal était aussi doux qu'à l'état primitif [1].

Les recuits qu'on donne aux tôles d'acier doivent être bien réguliers sur toute la surface ; comme elles sont généralement très-minces, la température peut être considérée comme sensiblement égale dans leur épaisseur. Ce recuit pourrait s'effectuer dans un feu de bois ou de charbon de bois sans vent ; mais on n'est jamais sûr d'une parfaite égalité de la température sur une surface parfois considérable. Le mieux est de les chauffer dans un four ordinaire ou plutôt dans un four à gaz Siemens ; la température, dans ce dernier four, peut être très-bien réglée et il est facile d'éviter une flamme soit oxydante, soit carburante, qui aurait l'inconvénient de modifier l'homogénéité de la tôle dans son épaisseur. La tôle chauffée, pour que le recuit soit plus parfait, doit ensuite être refroidie lentement. Cette opération est facile avec un feu de bois ou de charbon de bois dans lequel la tôle peut être abandonnée jusqu'à complet refroidissement en laissant le feu s'éteindre, mais elle serait impossible dans un four à gaz. Cette précaution n'est du reste pas indispensable avec des tôles qui n'ont jamais une grande épaisseur. Il suffit de laisser le refroidissement s'effectuer sur le sol de l'atelier en évitant le contact local des tôles avec des matières conductrices de la chaleur et surtout avec un sol irrégulièrement humide qui produiraient en certains points une chute de température plus rapide qu'en d'autres. La différence de température entre l'intérieur et l'extérieur d'une tôle, aux différentes phases de son refroidissement, est tellement faible que la contraction plus rapide des couches superficielles ne peut exercer qu'une pression et, par suite, une trempe très-minimes ; le refroidissement complet dans ces circonstances exige d'ailleurs un temps considérable ; l'intérieur et l'extérieur qui ne sont distants que de quelques millimètres, un centimètre au plus, se maintiennent donc à des températures bien voisines. Au port de Lorient, les tôles étaient abandonnées au refroidissement sur les plaques à cintrer.

[1] On a pu fabriquer plus de 300 pièces de la forme (fig. 46) sans en manquer aucune. On n'a pas pu réussir à en obtenir une seule avec de la tôle fine de fer provenant de Guérigny.

5

Le chauffage au four à gaz [1] est le moyen le plus commode et le plus simple pour ramener des tôles altérées localement à un état très-rapproché du maximum de douceur dont elles sont susceptibles. Les tôles poinçonnées peuvent facilement être soumises au recuit dans ces conditions ; la chaude qu'elles subiront supprimera l'effet nuisible du poinçon, mais on devra les planer ensuite. Ces opérations ne produisent pas de variation bien sensible dans la position et dans la forme des trous. Ce procédé peut donc être employé dans bien des cas pour obvier aux effets du poinçonnage au lieu de l'agrandissement des trous dont il a été question dans le chapitre précédent.

Les précautions qu'exige le travail des tôles et qu'on vient d'exposer [2] ont évidemment d'autant plus d'importance que ces tôles sont plus riches en carbone, plus aciéreuses ; mais, même avec le métal le plus doux, il ne faut pas les perdre de vue. On sait que, pour les tôles de fer qu'on a fortement travaillées et qui ont été soumises à des chaudes et des martelages locaux, on a soin de les recuire, si on veut leur restituer toute leur homogénéité et leur élasticité. Elles sont beaucoup moins sujettes que l'acier aux phénomènes de trempe, puisqu'elles ne renferment que des traces de carbone ; les propriétés élastiques du métal qui les constitue ne varient que peu avec les pressions locales qu'on a exercées sur lui, et on ne doit pas redouter ces ruptures qui paraissent spontanées dans l'acier ; le recuit a alors pour but principal de restituer la portion d'élasticité absorbée par les déformations, mais il contribue néanmoins à faire disparaître les quelques défauts d'homogénéité qui peuvent exister dans la constitution même du métal.

[1] M. Rochussen, des chantiers de Hœrde (Prusse), dans une note qu'il a lue en avril 1868 à la société des Naval Architects, recommande l'emploi d'un bain de plomb fondu pour recuire les tôles. Le chauffage ainsi obtenu est évidemment plus régulier que celui que peut produire un four ordinaire. Les expériences de M. Rochussen lui ont montré que l'acier recuit au plomb fondu était doux et facile à travailler à froid. La température de fusion du plomb semblerait d'après cela suffisante pour supprimer les quelques tensions moléculaires qui existent dans les tôles sortant des usines et l'immersion dans un bain de ce métal paraîtrait une pratique recommandable aux usines fabriquant l'acier doux. Mais ce recuit a lieu à une température trop basse pour restituer aux tôles et barres profilées, altérées dans le travail de la mise en œuvre, leur valeur primitive, qu'elles ne peuvent recouvrer que par le chauffage au rouge cerise.

[2] On a pu travailler au port de Lorient plus de 600,000 kilogrammes de tôles d'acier suivant ces divers procédés ; aucune rupture n'a été observée.

CHAPITRE V

Des travaux spéciaux aux cornières.

Les cornières, pour être amenées à leur forme, ont à subir comme travaux principaux un équerrage variable avec leur longueur, consistant dans l'ouverture ou la fermeture des ailes qui forment dès

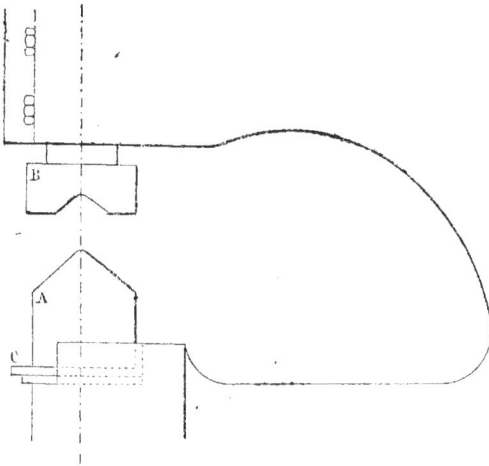

17. — Échelle de 1/10.

lors des angles aigus ou obtus, et aussi une courbure ou cintrage, les ailes restant à l'équerrage donné dans la première opération.

Pour les bâtiments construits au port de Lorient, quand le cintrage et l'équerrage ne devaient pas être trop prononcés, le travail s'est fait entièrement à froid et on a pu traiter ainsi la majeure partie des cornières.

L'équerrage était donné à l'aide d'une forte machine à poinçonner à laquelle on avait apporté quelques modifications. Pour ouvrir les cornières, c'est-à-dire pour produire des angles obtus, on s'est servi de l'installation (fig. 47).

La matrice était remplacée par une pièce A dont le contour supé-

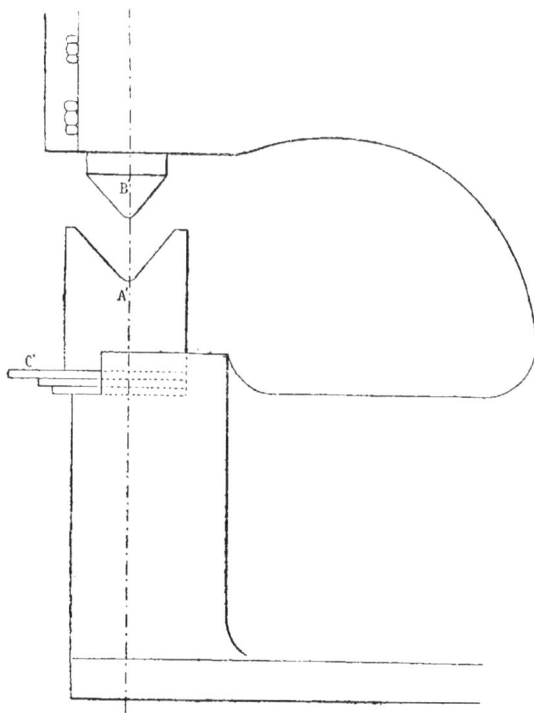

18. — Échelle de 1/10.

rieur formait un angle obtus ; le poinçon était remplacé par la pièce B présentant en creux le profil de la pièce A. Des cales mobiles C permettaient de faire varier la hauteur de la pièce A par rapport à la pièce B. La cornière étant placée sur la matrice A et la machine mise en mouvement, le poinçon B pressait la cornière dont l'angle s'ouvrait d'autant plus que le poinçon descendait plus bas par rapport à la matrice, c'est-à-dire que celle-ci était élevée davantage par les cales C. Les équerrages les plus faibles s'obtenaient en enlevant tout ou partie des cales C qu'on pouvait d'ailleurs faire varier à volonté suivant les différents points de la cornière. On avait la précaution, quand on voulait équerrer fortement une partie, de ne pas faire agir du premier coup la machine avec le maximum d'effet dont elle était susceptible, mais on arrivait à l'équerrage final par une série de déformations sur une certaine longueur et correspondantes à des calages successifs. Pour les équerrages les plus forts, on remplaçait

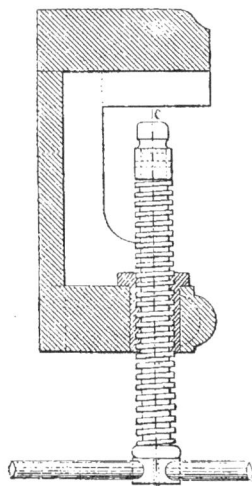

49. — Échelle au 1/20.   50. — Échelle au 1/20.

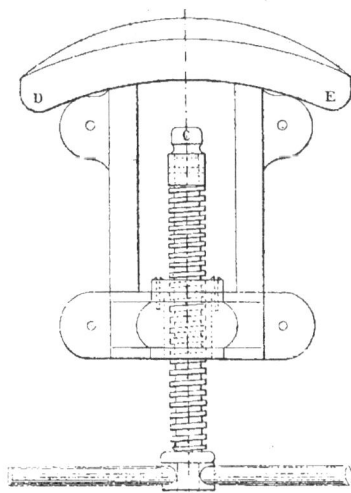

les pièces A et B par d'autres pièces analogues qui présentaient des angles obtus plus prononcés. Les cornières, après avoir été équerrées avec la première installation, étaient soumises, avec la nouvelle, à une ou plusieurs passes toujours en faisant varier les cales C. Pour fermer les cornières, c'est-à-dire pour obtenir des angles aigus, on se servait de la même machine à poinçonner dans laquelle les pièces A et B étaient remplacées par d'autres A' et B' (fig. 48). Le poinçon B' pressant le collet de la cornière la forçait dans la matrice A' dont l'action faisait fermer les branches qui présentaient dès lors un angle aigu.

Les cales C′ variables comme précédemment permettaient d'obtenir différents degrés de fermeture de l'angle et d'arriver aux forts équerrages par des passes successives.

Les cornières les plus équerrées étaient soumises à de nouvelles déformations en remplaçant les pièces A′ et B′ par d'autres formant des angles plus aigus.

Les cornières ayant leurs ailes amenées à l'angle voulu étaient envoyées au cintrage. Cette opération s'effectuait à l'aide des presses à vis (fig. 49 et 50). La cornière était appuyée sur les points fixes D, E par l'intermédiaire de coins en fer pour empêcher une altération de l'équerrage obtenu précédemment; la tête de la vis était munie d'une virole à entaille C, dans laquelle pouvait se loger au besoin une aile de la cornière et qui n'était pas entraînée par le mouvement de rotation de la vis. Les ouvriers, en manœuvrant des bras fixés à la tête de la vis, soumettaient la cornière à une pression plus ou moins grande et l'amenaient à la déformation voulue.

On a cherché à se rendre compte des altérations produites dans le métal par ces deux opérations de cintrage et d'équerrage. Des barrettes d'épreuve furent découpées dans des cornières cintrées suivant différents rayons, les unes équerrées, les autres sans équerrage. On a obtenu les résultats suivants en opérant sur des cornières de $75 \times 75 \times 8$ et $100 \times 80 \times 10$.

ANGLE	RAYON	AILE PLANE.		AILE CINTRÉE.	
d'équerrage.	de cintrage.	Résistance à la rupture.	Allongement par mètre.	Résistance à la rupture.	Allongement par mètre.
o.	m.	k.	mm.	k.	mm.
0	3.00	49.2	180	48.2	190
0	1.20	43.1	180	45.3	100
0	0.82	47.7	100	50.5	65
13	3.00	46.0	170	45.6	185
18	3.00	48.6	155	49.7	167

Ces chiffres montrent qu'un cintrage à grand rayon et un faible équerrage n'ont qu'une influence assez minime sur la résistance et l'allongement à la rupture des barrettes d'épreuve séparées des cornières. Avec un rayon de cintrage de 3 mètres et un équerrage de 18 degrés, on observe des allongements à la rupture supérieurs à 15 pour 100. Un grand nombre des cornières de membrure des bâtiments construits à Lorient purent être travaillées dans ces conditions sans présenter aucun phénomène particulier ; elles se trouvaient d'ailleurs pour la plupart au-dessous de ces limites de cintrage et d'équerrage. Ces opérations s'effectuaient promptement et donnaient des résultats très-satisfaisants comme précision et économie ; on n'a eu qu'à s'applaudir de l'emploi de cette méthode.

Quand on eut à façonner les cornières plus cintrées, plus équerrées et souvent plus fortes des extrémités des bâtiments, les conditions

51.   52.

d'abord si simples de ce mode de travail à froid vinrent se compliquer. Le procédé employé pour équerrer présenta pour les équerrages un peu forts l'inconvénient de courber sur leur largeur les ailes des cornières (fig. 51 et 52). La région du congé résistait à la déformation qui portait alors sur les parties voisines. Les ailes qui formaient des surfaces sensiblement planes pour les faibles équerrages devenaient concaves et convexes pour les angles très-aigus ou très-obtus. On ne pouvait plus appliquer ces cornières sur les tôles qu'elles devaient jonctionner, et il fallait dresser cette partie arrondie. On aurait pu le faire, à la rigueur, pour les angles obtus, en enlevant au burin la partie extérieure formant le sommet de l'angle ; mais, pour les angles aigus, on n'y serait parvenu que par un martelage dont on a vu tous les inconvénients.

De plus, quand le cintrage était effectué suivant un rayon un peu court, l'aile de la cornière, qui devait rester plane, et sur laquelle avait lieu l'action de la vis de la presse à cintrer, était forcée de se rétreindre et se voilait sous l'effet de la compression. Une série de bosses locales se produisait, et, comme elles avaient une grande importance, on ne pouvait les faire disparaître à la presse seule; il fallait recourir encore au martelage. Sous l'influence de ces diverses causes, résultant de cintrages à courts rayons, forts équerrages et coups de marteau, on observa, au début des constructions, des cas de rupture dans quelques cornières. Généralement ces ruptures se produisirent au choc du marteau, quelques-unes eurent lieu au cintrage après martelage. A cette période du travail on ne connaissait pas encore toute la grandeur des effets si nuisibles du choc du marteau; ce ne fut qu'à la suite de ces accidents et des expériences mentionnées précédemment qu'on fut conduit à proscrire tout martelage sans précaution. Cependant quelques cas de rupture s'étaient produits sur des barres qui n'avaient pas subi le choc du marteau; ce fait semblait à priori assez extraordinaire, quand on se reportait aux allongements à la rupture des barrettes découpées dans des cornières cintrées et équerrées. Mais on put s'en rendre compte à l'aide d'une observation attentive des conditions dans lesquelles on avait opéré, conditions qu'il fut facile de modifier, comme nous allons l'expliquer, de manière à rendre les cas de rupture extrêmement rares [1].

Les procédés employés pour équerrer et pour cintrer avaient, par eux-mêmes, quand on cherchait à obtenir de fortes déformations, les inconvénients du martelage, en produisant des pressions et par suite des trempes locales. On peut déjà remarquer ce fait dans l'opération de l'équerrage. Les parties sur lesquelles porte la pression des pièces remplaçant, dans la machine à poinçonner, la matrice et le poinçon sont comprimées, assez peu pour de petites déformations, beaucoup plus quand les angles deviennent très-différents de l'angle droit, mais surtout quand on veut obtenir en une seule passe un fort équerrage. Dans ce cas, en effet, les fibres comprises entre la région ouverte ou fermée à la machine et la partie voisine qui ne l'est pas

<hr>

[1] Le travail à froid était très-rapide et économique; il avait en outre l'avantage d'une grande précision; ce sont là les motifs qui nous ont engagés à l'employer le plus longtemps possible, de préférence au travail à chaud, que nous savions s'exécuter sans difficulté, mais qui était plus long et plus coûteux et qui nécessitait comme dernière opération des rectifications à froid ou au feu de forge.

encore sont obligées de s'allonger d'une manière permanente. Quand on soumet ensuite à la déformation cette partie voisine, les fibres allongées doivent se comprimer pour se remettre dans le prolongement des parties précédemment travaillées. C'est pour éviter cet effet ou du moins pour l'atténuer beaucoup qu'on soumettait les cornières à des équerrages successifs n'ayant chacun que peu d'importance. Avec cette précaution l'effet nuisible de compression était

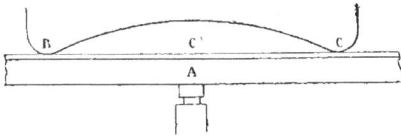

53.

considérablement diminué et se produisait en un plus grand nombre de points.

De plus, la déformation d'une cornière à la presse exige un certain effort, d'autant plus grand que la cornière a de plus fortes dimensions. Cette pression s'exerce d'une part au point A (fig. 53) sur lequel agit la vis et d'autre part sur les points B et C formant des points d'appui pour la cornière. On avait donc en ces trois points

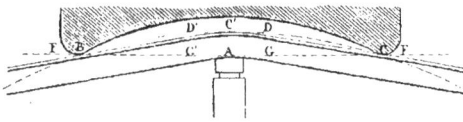

54.

des trempes locales qui n'avaient pas lieu dans le voisinage et qui pouvaient être ultérieurement des motifs de rupture, ayant plus d'importance à mesure que les cornières opposaient plus de résistance. Cet effet, qu'on ne pensait pas à combattre au début des travaux, put être notablement amoindri en interposant entre les cornières et les points A B C des cales qui reportent la pression sur une certaine surface, en diminuant beaucoup l'intensité en chaque point. Avant qu'on eût pris cette dernière précaution, on observait que les cornières soumises à un certain degré de déformation opposaient plus de résistance, devenaient plus dures à travailler qu'au début de l'opération. Avec l'emploi des cales, cet effet devint moins sensible.

On doit remarquer, en outre, qu'une cornière soumise à une pression en A (fig. 54) ne se déformera pas sur toute la longueur B C' C ; l'allongement s'effectuera surtout dans le voisinage du point C' entre les points D D' par exemple. Si on veut cintrer cette cornière suivant un arc de cercle de 3 mètres de rayon, on peut amener en un seul coup de presse le point C' à se trouver sur cette circonférence, les points F et F' venant en B et C. L'allongement causé par la flexion sera la différence entre la courbe B D' C' D C et la longueur F F'. Cet allongement rapporté à la longueur F F' est faible ; mais en réalité il est fourni par la longueur G G' qui devient D D' et cet allongement acquiert alors par mètre une valeur considérable. Il importe donc, dans le cintrage à la presse, de donner les coups de presse en des points suffisamment rapprochés, pour produire une série de déformations partielles donnant la forme finale ; on évitera ainsi des allongements locaux de trop d'importance.

Ces précautions, dont la nécessité avait été promptement reconnue, ont été appliquées sur la plupart des cornières et ont permis dès lors d'éviter les cas de rupture dans les cornières qui n'étaient pas martelées.

Pour les cornières fortement équerrées et cintrées des extrémités des bâtiments, il était indispensable d'obvier complétement aux inconvénients que nous venons de signaler. Dans ce but on a employé différents procédés.

Les cornières étaient soumises d'abord à une fraction de leur déformation totale comme équerrage et cintrage, puis on les recuisait dans un four en tôle installé à faux frais et chauffé au bois. Le four et les cornières étant à la température voulue, on fermait tous les orifices par lesquels l'air aurait pu entrer et on abandonnait le tout à un refroidissement complet. Les cornières, après avoir ainsi été chauffées au rouge cerise, redevenaient malléables et faciles à travailler ; ce changement était très-remarqué par les hommes travaillant aux presses. On pouvait alors faire subir sans crainte à ces cornières un nouvel équerrage, un nouveau cintrage qui, quand ils acquéraient une certaine intensité, étaient suivis d'un nouveau recuit et ainsi de suite jusqu'à ce qu'on obtînt la forme voulue. Le recuit effectué au rouge cerise n'a pas l'inconvénient de déformer les cornières d'acier autant qu'on pourrait le supposer. A cette température, le métal présente encore une grande rigidité, et il suffit, après le dernier chauffage, d'un redressement minime pour ramener les cornières exactement à leur forme.

En même temps qu'on opérait ainsi, un certain nombre de cornières d'assez forte dimension, par exemple de $120 \times 120 \times 14$, étaient travaillées par un autre procédé en employant les feux de forge. Les forgerons, d'abord chargés de ce travail, voulaient les traiter comme du fer ordinaire et négligeaient le plus souvent les précautions qui leur étaient recommandées; quelques cas de rupture furent observés. On remplaça alors ces ouvriers par des charpentiers à peu près novices dans la conduite d'un feu et disposés à tenir le plus grand compte des instructions qu'ils recevaient. Ils réussirent complétement et sans accident à amener ces cornières à la forme demandée. Ces pièces étaient chauffées au charbon de bois dans un feu de forge ordinaire avec tuyère. Le feu était vif au point où l'on voulait obtenir le plus de chaleur; mais, dans l'angle de la cornière, on disposait des charbons ardents en nombre d'autant plus petit qu'on s'éloignait davantage du point au maximum de température. La cornière était ainsi chauffée sur une grande longueur et la chaleur allait en se perdant graduellement de part et d'autre du point soumis à l'action directe du feu de forge. La cornière, amenée au degré de chaleur voulu, était cintrée et équerrée par ploiement en évitant, toutes les fois qu'on le pouvait, le travail au marteau. Comme on opérait par chaudes successives, les points qu'on n'avait pu précédemment se dispenser de marteler, étaient, dans la chaude suivante, dans le voisinage du point à la température la plus élevée et subissaient l'effet d'une chaleur suffisante pour que, par le refroidissement, le carbone se séparât de la dissolution comme dans les autres parties du métal. Pour plus de précautions, après tout travail à la forge, les cornières étaient soumises à un recuit sur toute leur longueur, dans le four provisoire dont il a déjà été question.

Cette dernière méthode a donné de bons résultats, mais elle était

lente et dispendieuse ; on l'a abandonnée dès qu'on a pu allumer un
des fours à gaz Siemens de l'atelier des bâtiments en fer. Les cornières fortement cintrées et équerrées ont alors été façonnées sur les
plaques à cintrer après un chauffage général dans ce four. Elles
étaient, dans ce cas, chauffées au rouge cerise, courbées et équerrées
avec des pinces et des leviers à ancre ; on les amenait ainsi en une
ou deux chaudes à la forme voulue. Cette forme était tracée sur la
plaque à cintrer à la manière habituelle avec des broches plus ou
moins ployées pour figurer l'équerrage. Une bande de tôle *a b*
appuyant sur ces broches (fig. 55 et 56) donnait exactement le contour de l'aile de la cornière voisine de la verticale, l'autre aile reposant

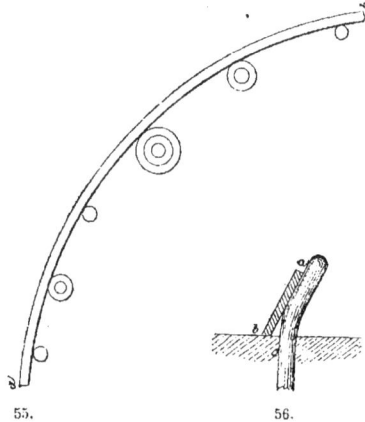

55.   56.

sur la placque à cintrer. On prenait soin de ne marteler les cornières
que quand elles étaient rouges et on ne les soumettait à une moindre
température qu'à des travaux susceptibles de moins les altérer que
le martelage. Dans le principe, on effectuait le cintrage sans employer
la bande de tôle *a b;* mais les broches formaient leur empreinte
dans l'aile de la cornière qu'on appuyait fortement sur elles et on
avait une série de bosses locales que les ouvriers voulaient toujours
faire disparaître au marteau quand la cornière était refroidie, et il en
résultait parfois des ruptures. Il était recommandé aux ouvriers de
se servir principalement de leviers et de maillets en bois et de ne
travailler que quand les cornières étaient rouges ; cependant, quand

on observait à température plus basse des bosses en quelques points, on autorisait le martelage par l'intermédiaire de chasses d'une grande surface qui répartissaient sur une certaine étendue le choc du marteau.

Après ces travaux, les cornières étaient remises une dernière fois au four ; cette chaude servait de recuit et elles étaient abandonnées ensuite à leur refroidissement sur la plaque à cintrer. On avait soin de ne leur faire subir alors aucun travail que le léger redressement dont elles pouvaient avoir besoin et qu'on obtenait à l'aide de maillets en bois. Ce recuit détruisait les effets nuisibles du martelage antérieur si on y avait eu recours ; l'emploi du marteau ordinaire n'avait été proscrit que pour éviter les ruptures en cours de travail ; mais une cornière formée sans la moindre précaution et qu'on aurait eu la chance de ne pas casser se serait trouvée après le recuit dans de très-bonnes conditions.

A la température du rouge cerise à laquelle avait lieu ce recuit, les cornières pouvaient être sorties du four sans perdre leur forme. Pour les porter sur la plaque à cintrer, il suffisait de les soutenir en plusieurs points suffisamment rapprochés. On hésitait d'abord à laisser refroidir les cornières sur une surface métallique bonne conductrice de la chaleur, mais on constata que le refroidissement se faisait encore bien lentement ; une cornière de $120 \times 120 \times 14$ sortie du four mettait environ deux heures à revenir à la température ambiante. Avec les faibles épaisseurs de métal des cornières, comme pour les tôles, un semblable refroidissement paraît bien suffisant pour éviter les effets de trempe. A supposer d'ailleurs qu'ils se manifestassent, ils ne présenteraient pas grand inconvénient puisqu'ils se produiraient régulièrement sur toute la cornière. Ce qu'on doit éviter surtout, ce sont des trempes locales qui mettent deux points voisins du métal dans des conditions dangereuses au point de vue de la résistance et par suite des travaux ultérieurs.

Ces cornières façonnées à chaud étaient ensuite amenées rigoureusement à leur forme à l'aide des presses à cintrer, et on put constater, par les efforts qu'elles exigeaient pour se déformer, que le métal était aussi doux qu'à l'état primitif.

Si le cintre des cornières terminées était trop considérable et ces

cornières trop longues pour qu'on pût les mettre au four, on donnait
le recuit en deux chaudes, une sur chaque extrémité, en ayant soin,
dans la seconde chaude, de mettre au feu toute la partie qu'on n'avait
pu y mettre dans la première. Parfois on donnait à la cornière un
cintre lui permettant d'entrer tout entière dans le four, et on
achevait de la cintrer à la presse à froid.

Ce mode de travail au four a été plus ou moins modifié ; souvent
les équerrages se donnaient à la machine à poinçonner ; mais l'esprit
de la méthode a toujours été le même [1].

Indépendamment de ces travaux de déformation générale auxquels

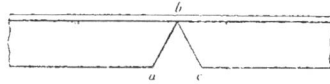

57.

la majeure partie des cornières était soumise, un certain nombre
d'entre elles devaient former des épaulements et des coudes suivant
des angles droits, aigus ou obtus. Les épaulements se faisaient en
chauffant au feu de forge les portions de cornière qui devaient les
recevoir ; on avait soin de ne marteler le métal que quand il était
rouge, et à la suite de cette opération
on recuisait l'extrémité travaillée. Le
chauffage des cornières sur une portion de leur longueur ne présente
pas d'inconvénient si la température est égale sur toute la
largeur des ailes, puisque la dilatation peut s'effectuer sans
difficulté ; il n'en serait pas de même du chauffage local
d'une aile qui présenterait tous les inconvénients que nous
avons signalés pour le chauffage local des tôles.

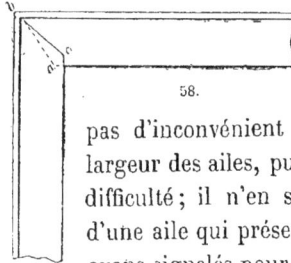

58.

Pour ployer les cornières suivant des angles plus ou moins voisins
de l'angle droit, on a d'abord essayé d'opérer comme pour les cor-

___

[1] Pour le bâtiment mis en chantier au port de Lorient en dernier lieu, alors que les
ouvriers étaient bien exercés, on a pu travailler à froid environ 2,000 mètres de cornières
et à chaud 800 mètres ; 9 barres seulement ont été cassées ; 4 dans le travail à froid et 5
dans le travail à chaud ; dans les deux cas, les barres subissaient un recuit ou réchauffage,
comme dernière opération.

nières de fer en coupant sur l'aile à souder un triangle $a\,b\,c$ (fig. 57) dont les lèvres ab, bc étaient amincies ; on ployait la cornière (fig. 58) de façon à rapprocher les deux lèvres qui étaient soumises ensuite à une chaude soudante. Cette opération ne réussissait qu'avec difficulté ; sur 10 soudures, on en manquait 3 en moyenne, et les autres étaient loin d'être parfaites.

On a obtenu de meilleurs résultats en agissant d'une manière différente. On a découpé dans la cornière un triangle $a'\,b'\,c'$ dont

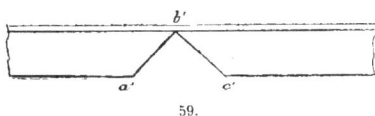

59.

l'angle b' (fig. 59) était plus ouvert que dans le cas précédent (fig. 57) de manière qu'après le ploiement de la cornière les deux bords amincis ne fussent pas au contact (fig. 60 et 61). On a placé ensuite entre les deux lèvres à souder un petit morceau de fer méplat taillé en biseau. Le tout étant chauffé à une température suffisante

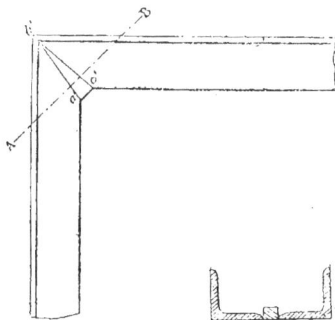

60.   61. — Coupe suivant A B.

était martelé ; le morceau de fer, s'écrasant, se soudait avec les lèvres $a'b'$, $b'c'$ et on obtenait une bonne soudure qui offrait une grande résistance quand on essayait d'ouvrir les branches.

Les cornières, ainsi travaillées, étaient recuites comme toutes celles qui avaient dû passer au feu de forge. On doit remarquer que les deux parties de la cornière reliées par une mise de fer ne doivent présenter à la rupture dans cette région que la résistance du fer, en supposant une soudure aussi parfaite que possible. Pour établir une homogénéité plus complète, il serait nécessaire de soumettre la cornière à une série de recuits ou à un recuit prolongé ; mais on observerait alors les phénomènes que présente toute pièce de fer soumise à des chaudes trop multipliées, sans étirage ; la texture fibreuse serait altérée et remplacée par la texture cristalline ; l'acier se rapprocherait de l'état où il se trouve quand on vient de le couler.

Dans la construction des chaudières, les angles ayant presque toujours une résistance plus grande que celle qui est nécessaire, le soudage des cornières avec interposition d'une mise de fer fournira généralement une solidité suffisante et la certitude d'un bon mattage.

Dans la construction des bâtiments, les cornières ployées à angle

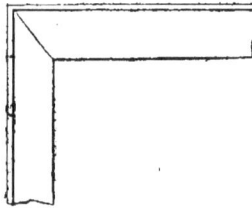 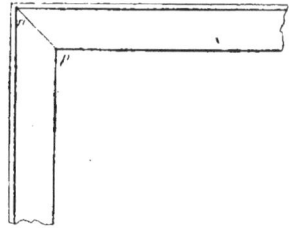

62.   63.

droit sont rattachées ordinairement par des tôles dont la résistance ne serait que bien peu augmentée par l'emploi de cornières soudées. Aussi, dans les cornières employées au port de Lorient, toutes les fois qu'elles n'étaient pas destinées à faire l'étanche, on se contentait de couper un triangle comme pour souder et on amenait par ploiement les deux bords de la coupure au contact ; on conservait ainsi une grande partie de sa valeur à l'aile non entaillée (fig. 62).

Dans le cas où la cornière devait être mattée, on la coupait franchement suivant des angles de 45 degrés ; cette opération se faisait approximativement à la cisaille à cornières ; les deux bouts étaient ensuite bien ajustés au burin et à la lime ; après le rivetage, on mettait soigneusement le joint $m\,n\,p$ (fig. 63). On est arrivé ainsi à un résultat satisfaisant d'une façon évidemment économique, surtout dans les cas où il eût été nécessaire de faire avec les cornières un cadre complet. On aurait dû mettre alors les 4 côtés rigoureusement de longueur par un ajustage à la forge nécessitant beaucoup de tâtonnements et de retouches.

Ces procédés ont été employés aussi pour les angles obtus et légèrement aigus ; pour ceux dont l'acuité était très-prononcée, on a dû recourir au soudage en raison des difficultés que le mattage aurait présentées.

On a vu, par les difficultés qu'on éprouve à souder directement les lèvres des cornières ployées, que le métal livré par l'usine du Creusot est assez rebelle au soudage dans ces conditions. Il en serait de même *à fortiori* du métal de Terre-Noire. Mais quand la soudure peut se faire sur une certaine surface, elle réussit parfaitement. On a cherché à utiliser des rognures de tôles de Terre-Noire en en faisant des paquets et les corroyant. On a pu ainsi faire quelques petites pièces de machine, entre autres un arbre d'environ 8 centimètres de diamètre qui était très-sain et auquel on a pu donner à l'ajustage un beau poli. Des barrettes d'épreuve façonnées avec des tôles d'acier corroyées ensemble et bien recuites avant d'être rompues ont donné une résistance moyenne de 43 kilogrammes et un allongement moyen de 25 pour 100. D'autres barrettes obtenues de la même manière, mais trempées, accusèrent une résistance de 60^k,8 et un allongement de 10 pour 100. Ces résultats prouvent que l'acier doux se soude très-bien sur de grandes surfaces ; nous croyons du reste que dans les usines où on fabrique ce métal, le corroyage est souvent employé.

Toutes les cornières, travaillées d'après les principes exposés dans ce chapitre, provenaient, comme on l'a déjà dit, de l'usine du Creusot et appartenaient à la catégorie la moins aciéreuse des matériaux mis en œuvre. Il est probable que si elles avaient été fabriquées avec le métal de Terre-Noire, il aurait fallu apporter encore plus de soins dans leur travail et ne négliger dans aucun cas les précautions indiquées.

CHAPITRE VI

Du travail spécial aux fers à double T.

Les fers à double T fabriqués par MM. Marrel frères de Rive-de-Gier avec des aciers de Terre-Noire, devaient recevoir deux affectations : 1° les uns constituaient la charpente des ponts ; on devait

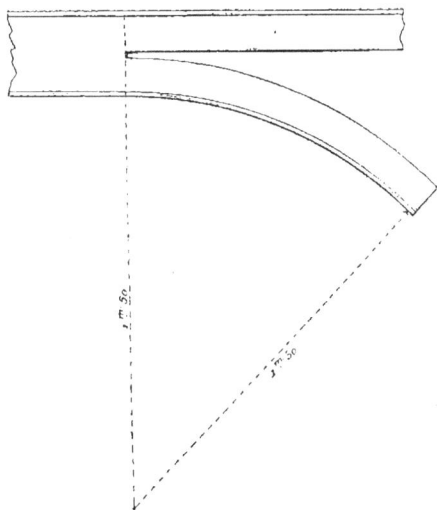

Fig. 64. — Echelle de 1/25.

endre leur extrémité et cintrer une des branches suivant un arc de cercle de 1ᵐ50 de rayon (fig. 64) ; d'après les termes du marché passé avec MM. Marrel, les doubles T devaient supporter à chaud ce travail qui était l'une des conditions de recette ; 2° les autres barres formaient la membrure des parties cuirassées des bâtiments ; dans certains cas, elles devaient être cintrées ; dans d'autres, les ailes devaient être équerrées par rapport à l'âme : ainsi, le profil primitif $m\,n\,p\,q$ (fig. 65) devait être amené à la forme $m'n'p'q'$ (fig. 66).

Pour la première catégorie de doubles T constituant les barrots des ponts, l'âme devait être fendue et une aile cintrée. La facilité avec laquelle on avait pu travailler à froid les cornières appelait l'attention sur la possibilité d'effectuer ce cintrage sans aucun passage de barres au feu. Pour produire la fente longitudinale, on a percé d'abord un trou aux machines à forer, afin de limiter cette

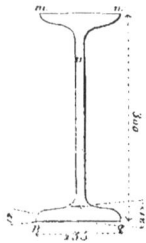

65. — Échelle de 1/10.   66. — Échelle de 1/10.

fente ; puis, à l'aide d'une machine à raboter, on a pratiqué une saignée longitudinale. Les barres ont ensuite été placées sur des plaques à cintrer où on avait disposé une forte cornière A B (fig. 67) formant la courbure que la panne devait présenter. Un vigoureux taquet C maintenait l'extrémité de la barre fendue. Un levier E F formé d'un long fer à double T fixé à l'une de ses extrémités et soumis, à l'autre bout, à une traction suffisante, produisait la force nécessaire pour effectuer la déformation ; son action s'exerçait sur la barre par l'intermédiaire d'une cale en bois disposée près de la naissance de la fente.

Sur 15 doubles T traités dans ces conditions, 12 ont très-bien supporté ce travail, 3 se sont rompus à la fin de l'opération et vers l'origine de la fente. Sur toutes ces barres, on observait sur le côté convexe de l'âme un allongement d'environ 8 pour 100 ; la panne qui se cintrait n'accusait qu'une compression insignifiante de quelques millimètres. On trouvait, en outre, que l'allongement des fibres était sensiblement plus fort dans la moitié voisine de l'origine de la fente que dans l'autre moitié.

Des barrettes d'épreuve découpées dans différentes parties de l'âme et de la panne donnèrent à peu près les mêmes résistances à la rupture que dans les barres à l'état naturel ; la pression sur la

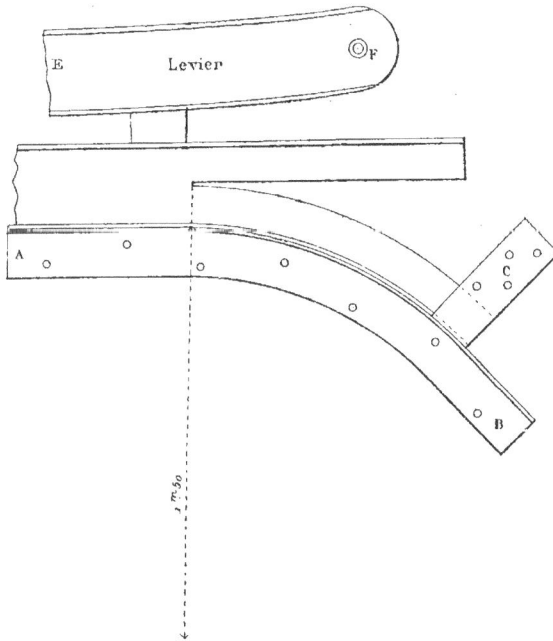

67. — Échelle de 1/25.

panne comprimée était donc insuffisante pour produire une trempe appréciable ; les allongements à la rupture étaient encore au moins de 17 pour 100. On doit remarquer que les barrettes ne pouvaient contenir les fibres voisines du bord convexe de l'âme qui s'étaient le plus allongées ; mais on les découpait dans la région la plus rapprochée, et on peut conclure avec certitude que les fibres du bord essayées isolément auraient présenté dans leur ensemble des allongements moyens à la rupture au moins de 14 pour 100.

Aucun phénomène sensible de trempe ne se produisant à la suite du travail de flexion, les fibres conservaient à peu près leur homogénéité de constitution ; il était présumable que les ruptures observées avaient dû être provoquées par un travail exagéré qu'avaient à supporter à la fin du cintrage les éléments voisins de la naissance de la fente. On comprend, en effet, que ces éléments sont soumis, pendant toute la durée de l'opération, à un effort de flexion et qu'ils doivent s'allonger plus que ceux qui ne supportent cet effort que pendant

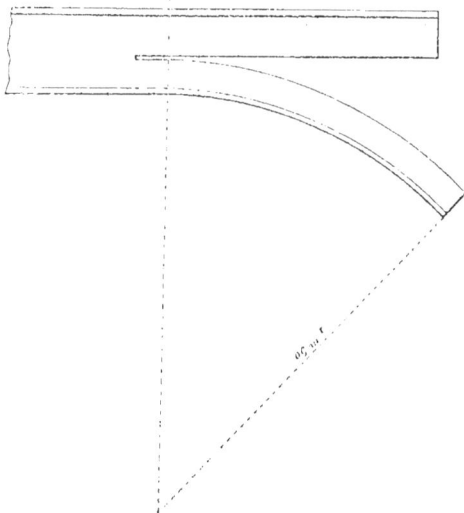

68. — Échelle de 1/25.

un temps beaucoup moindre. En outre, dans la dernière période du cintrage, les parties voisines de l'origine peuvent avoir à s'allonger beaucoup sur une longueur minime si le métal est un peu plus résistant en certains points qu'en d'autres.

A la suite de ces premiers essais, un nouveau tracé fut adopté (fig. 68). La fente fut prolongée de 15 centimètres au-delà du point de raccordement de la courbe du talon avec le barrot. Cette seule modification aurait probablement été suffisante pour éviter les ruptures qui s'étaient produites précédemment ; mais, pour plus de sécurité, la fente, qui était primitivement au milieu de l'âme, fut excentrée de façon à réduire à 110 millimètres la hauteur de la portion d'âme à cintrer. Dans ces conditions, les talons ont pu être travaillés sans accident [1]; l'allongement de la partie convexe a été trouvé de 6 pour 100 environ et les 15 centimètres ajoutés sur la longueur de la fente ont accusé un allongement très-sensible.

Les trois barres travaillées suivant le tracé primitif et qui avaient été rompues ont été recuites, et la moitié de l'âme voisine de la partie brisée, qui n'avait subi aucune déformation, a été cintrée suivant ce même tracé primitif : deux barrots ont été amenés à la courbure voulue, le troisième s'est encore rompu. Cette épreuve semble démontrer que le recuit peut améliorer un peu la qualité des barrots tels qu'ils sortent des usines ; ils sont, en effet, à la suite de leur dernier laminage, soumis à des tensions moléculaires d'une certaine importance quand ce laminage se termine à une température inférieure au rouge.

Le recuit des barrots, pour être parfait, exigerait un refroidissement très-lent en raison des variations d'épaisseur qui existent dans les différents points de la section ; cependant, le métal dans la région la plus épaisse est encore assez mince pour qu'on puisse admettre le refroidissement à l'air libre. Des fers à double T chauffés au four Siemens et abandonnés à la sortie de ce four sur des plaques à cintrer, ne reviennent à la température ambiante qu'au bout de quelques heures, et on n'a jamais observé dans leurs différents points des inégalités de dureté ou de résistance assez sensibles pour qu'il y ait lieu de s'en préoccuper.

Cependant, la lenteur du refroidissement a plus d'importance que pour les tôles ou les cornières de faible épaisseur. On a pu, en effet, remarquer que les deux parties d'un barrot fendu à la machine à raboter se séparaient avec bruit quand l'épaisseur de métal que l'outil avait encore à enlever était très-faible, et chaque portion de l'âme s'arquait suivant des courbures tournant leur convexité du côté de la fente. Le même phénomène s'observe sur des barrots en fer ; il provient évidemment de ce que l'âme de faible épaisseur, soumise à un refroidissement plus rapide que les pannes, est obligée de

[1] Plus de 150 barres ont été courbées suivant ce tracé au moment où nous écrivons

s'allonger aux dépens de son élasticité. Quand les pannes sont à leur tour contractées par le refroidissement, elles ne peuvent le faire complétement par suite de l'allongement de l'âme ; leurs fibres sont alors soumises à une traction qui ne dépasse pas leur limite d'élasticité. Quand l'âme est fendue longitudinalement, cette traction n'étant plus équilibrée produit la courbure qui est observée.

Des barrots chauffés au four à gaz et abandonnés au refroidissement à l'air libre se comportent quand on les fend de la même manière que ceux qui sortent du laminoir sans aucun chauffage ultérieur ; ce n'est donc pas à l'action du laminoir qu'on peut attribuer les tensions intérieures qu'on constate en fendant les âmes de ces barrots. D'un autre côté, on a observé que des barrots réchauffés au four à gaz, fendus et soumis au cintrage à froid, se prêtaient beaucoup plus facilement à ce travail que ceux qui provenaient directement des usines. La force qu'on devait faire pour les amener à la déformation voulue était sensiblement moindre. Il est donc probable que ce simple chauffage restitue aux fers à double T une partie de la douceur qu'ils ont perdue dans la dernière période du laminage ; le métal, après cette chaude de recuit, est encore soumis à quelques tensions intérieures provenant de l'inégalité du refroidissement, mais ces tensions sont faibles et à peu près négligeables au point de vue de l'emploi.

Une autre catégorie de ces barres en double T devait être cintrée et équerrée. Le cintrage et l'équerrage ont pu être effectués à froid, mais on a surtout opéré à chaud. Le travail à froid pouvant fournir quelques indications sur les déformations qu'on peut faire subir à l'acier doux, nous exposerons les procédés expérimentés, bien que quelques-uns aient présenté des inconvénients empêchant de les employer sur une grande échelle.

Pour effectuer le cintrage, on a d'abord opéré à la presse hydraulique à l'aide de l'installation représentée (fig. 69 et 69 *bis*) ; deux étampes fixées aux deux plateaux de la presse présentaient, l'une en creux, l'autre en relief, la courbure que devait avoir la majeure partie des barres. L'addition de quelques cales permettait d'obtenir des courbures un peu différentes. Les pannes étaient maintenues transversalement par des guides les empêchant de se déjeter latéralement.

Dès les premiers essais, on a constaté que les barres dans leur ensemble arrivaient bien à la courbure voulue, mais que les âmes, par suite de leur faible épaisseur, fléchissaient sous l'effort de compression auquel elles étaient soumises. On a alors opéré en transmettant la compression à la barre par une pièce A (fig. 70) qui, en l'embrassant sur tout son contour, empêchait l'âme de se voiler. La barre reposant par deux appuis sur le plateau inférieur de la presse, l'extrémité supérieure de la pièce A était comprimée par le plateau

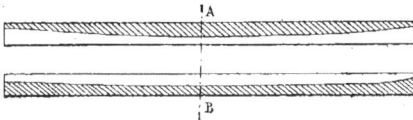

69. — Échelle de 1/40.   69 bis. — Coupe suivant A B.

supérieur ; après avoir obtenu la déformation voulue, la pièce A était déplacée pour soumettre au cintrage une autre partie de la barre. En opérant par petite longueur et avec précaution, on a pu obtenir ainsi de bons résultats et des courbures régulières. Ce procédé, qui n'a été d'ailleurs appliqué que pour des pièces n'ayant pas

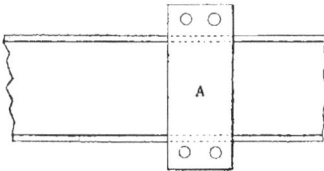

70. — Echelle de 1/20.

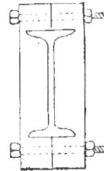

d'équerrage, a été employé sur une assez grande échelle sans qu'on ait observé aucun fait particulier. Pour ne présenter aucun inconvénient, l'opération devait être suivie d'un recuit.

Pour donner de l'équerrage à froid aux fers à double T, on a employé deux procédés :

On a d'abord opéré à l'aide de la machine à poinçonner qui servait à équerrer les cornières ; la matrice et le poinçon étaient remplacés par les pièces A, B (fig. 71). Le poinçon A, s'enfonçant, produisait une flexion de l'âme autour de son point de raccordement avec l'aile; en opérant ainsi de proche en proche et en ayant soin de maintenir toujours l'aile dans l'entaille de la pièce B, on arrivait à équerrer les barres dans toute leur longueur. Des cales variables à volonté permettaient d'obtenir des équerrages différents en effectuant des passes successives. Une aile étant équerrée, la deuxième était travaillée de la même manière. Pour les angles les plus forts, les pièces A et B étaient remplacées par d'autres avec lesquelles on opérait comme avec les précédentes.

Ce procédé exigeait, pour réussir, que le double T fût soutenu à ses

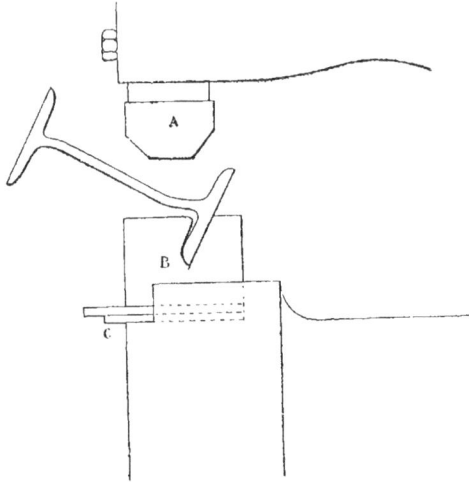

71. — Échelle de 1/10.

deux extrémités sur des chantiers à hauteur convenable et bien engagé dans l'entaille de la pièce B, de façon que l'aile en prise fût parfaitement soutenue; si ces précautions étaient négligées, l'effet de déformation portait sur l'aile qui était ployée au lieu de se produire exclusivement sur l'âme. Comme la machine à poinçonner modifiée était aussi utilisée pour l'équerrage des cornières et bien souvent occupée pour ce travail, on n'a employé que très-peu cette méthode.

On a aussi essayé d'équerrer des fers à double T à la presse hydraulique à l'aide de l'installation (fig. 72); deux étampes fixées aux deux plateaux de la presse présentaient deux plans inclinés sur lesquels les ailes devaient venir s'appuyer après leur équerrage. Des rebords empêchaient le glissement latéral de ces ailes et des armatures en fonte disposées de chaque côté et jonctionnées par quelques boulons s'opposaient à toute flexion de l'âme. Des cales de hauteur variable, interposées entre les pannes et les étampes, permettaient d'obtenir des équerrages différents.

Les doubles T traités ainsi étaient amenés à leur forme plus régulièrement qu'avec le procédé précédent. Cependant, dans les deux cas, l'âme présentait une section un peu irrégulière, exagérée sur la figure 73. Le déversement des pannes, au lieu de s'effectuer au point

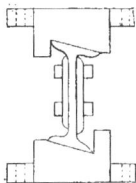

72. — Échelle de 1/20

73. — Échelle de 1/10.

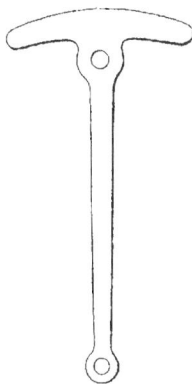

73 bis.

de raccordement de ces pannes avec l'âme, entraînait celui de la portion de l'âme voisine du congé. Pour redresser l'âme, il était nécessaire de mettre la barre au feu et de la marteler à chaud ; par suite de cette nécessité, on a préféré pour la plupart des barres faire le travail complétement à chaud.

Le cintrage à chaud a été effectué sur les plaques à cintrer, généralement par le procédé employé pour le cintrage des cornières et indiqué précédemment (fig. 55 et 56). Le contour de la pièce était figuré par des broches enfoncées dans les trous de la plaque ; une bande de tôle appuyée sur les broches assurait la continuité du contour. Le double T chauffé dans le four Siemens était amené à coups

de maillets en bois et à l'aide des leviers à ancres (fig. 73 *bis*) à
s'appuyer sur ces broches ; on empêchait l'âme de se voiler par un
martelage, exécuté autant que possible à coups de maillets. Si l'opération se terminait quand la pièce était rouge, en admettant même
un martelage avec des masses en fer, on pouvait, d'après ce qui a
été exposé précédemment, se dispenser de la recuire. Mais plusieurs
chaudes étaient souvent nécessaires pour arriver au degré de courbure
voulue ; il était préférable de mettre la pièce au feu plusieurs fois
plutôt que de l'exposer à un martelage à froid qui aurait pu être
dangereux. Cependant, comme on ne pouvait parfois se dispenser de
quelques coups de masse, il était admis comme règle que toute barre

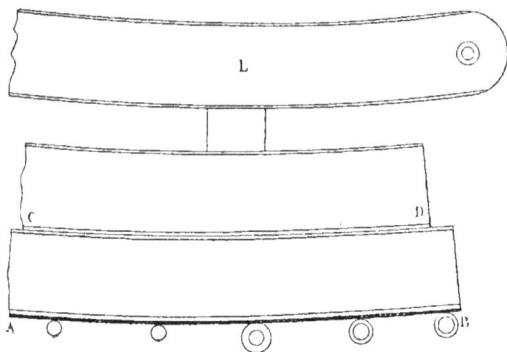

71. — Échelle de 1/25.

finie comme travail devait repasser au feu pour y subir une chaude
au rouge cerise servant de recuit.

Un grand nombre de barres devaient être travaillées suivant la
même courbure ; elles ont été amenées à leur forme à l'aide de
l'appareil représenté (fig. 74) dans lequel le double T était soumis
sur ses deux faces à une pression résultant de l'action d'un fort levier
L, chaque face étant comprise entre deux pièces A B et C D ayant
la courbure voulue. Pour obtenir l'équerrage à chaud, on pouvait
opérer en plusieurs chaudes par martelage sur chaque portion des
deux ailes, on a préféré faire tout le travail en deux chaudes ; dans
ce but, la barre chauffée était amenée entre deux pièces droites
présentant l'équerrage voulu (fig. 75) ; l'une d'elles était formée par

une bande de tôle reposant sur des broches, l'autre était constituée par un fer à double T muni de coins qu'on pouvait faire varier. Une autre bande de tôle *b* recouvrait ces coins et formait une surface continue de l'inclinaison voulue. La barre à équerrer étant amenée dans l'espace *a b*, la pièce *b* était serrée fortement par le levier qui la rapprochait du contour *a ;* les ailes équerrées suivant des angles aigus étaient obligées de se ployer. On amenait alors à coups de marteau la portion *c* de l'aile, devant être ouverte suivant un angle obtus, à s'appliquer sur la tôle *a*. La barre était ensuite réchauffée au feu et remise dans la même installation en la retournant, afin d'ouvrir la portion *d* de la deuxième aile équerrée suivant un angle obtus. Dans une troisième chaude, la barre était chauffée au rouge

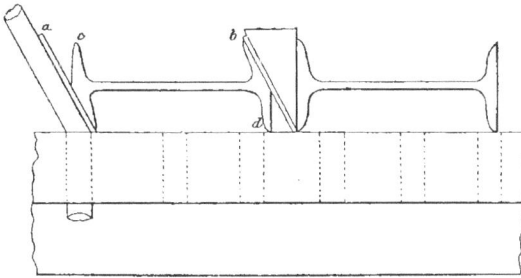

75. — Échelle de 1/10.

cerise et abandonnée, sans aucun travail, à son refroidissement. Les barres cintrées et équerrées subissaient d'abord leur équerrage comme si elles avaient été droites.

Dans une nouvelle chaude, on les amenait, à l'aide de leviers, à se courber suivant un contour déterminé par une bande de tôle reposant sur des broches équerrées.

Ces travaux à chaud n'ont présenté aucune difficulté ni aucun phénomène particulier, grâce à la précaution de recuire toutes les barres [1]. On a pu, par des chaudes successives, amener ces barres à des cintres très-prononcés dont un exemple est donné (fig. 76).

Les allongements si considérables que peut supporter, avant de se

[1] On a amené à la forme voulue plus de 400 barres à double T sans aucune rupture.

rompre, l'acier doux bien travaillé et homogène, le rend éminemment propre à recevoir les chocs. Quelques expériences, pour le vérifier, ont été faites avec des doubles T en acier et d'autres en fer ayant sensiblement le même profil. Les barres avaient leurs extrémités soutenues par deux enclumes écartées de 0^{m}80 et étaient posées à plat de manière à reposer par les bords des deux ailes ; elles étaient soumises au choc d'un mouton de 1350 kilogrammes tombant de hauteurs variables. Comme l'extrémité du mouton était assez pointue, un petit garni en bois reposant sur les barres supportait le premier effet du choc.

Les deux barres en fer expérimentées dans ces conditions ont été rompues sous des hauteurs de chute de 10 mètres pour la première et de 5 mètres pour la seconde ; elles ont été, dans les deux cas,

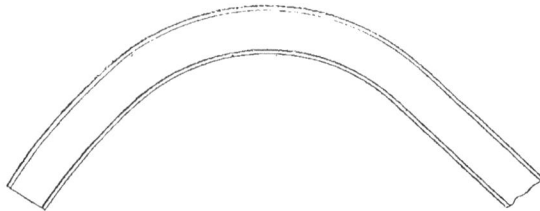

76. — Échelle de 1/50.

brisées complétement, et quelques fragments se sont détachés. En réunissant les parties d'une même barre, on remarqua que la déformation avant la rupture n'avait dû être que très-faible.

Deux barres en acier soumises au choc du mouton tombant d'une hauteur de 10 mètres n'ont accusé aucune trace de criqûre, le métal s'est aplati sous le choc d'une manière très-remarquable ; la figure 77 représente l'une de ces barres. On peut remarquer dans la coupe le déversement des ailes dans les régions les plus déformées. Une autre barre en acier soumise à une chute de 15 mètres du mouton s'est brisée en deux fragments, mais après avoir subi une grande déformation ; aucun éclat n'a été projeté

D'autres épreuves au choc ont été faites en disposant les barres de façon que l'âme fût verticale ; elles ont donné des résultats comparables aux précédents, mais un peu moins nets en raison de la difficulté qu'on éprouvait à maintenir transversalement ces doubles T.

Ces expériences permettaient de vérifier l'état dans lequel se trouvait le métal des doubles T après les différentes phases du travail auquel elles avaient été soumises.

On était fréquemment conduit à ne chauffer les grandes barres que sur une partie de leur longueur; la température étant à peu près constante dans une même section transversale, il ne devait y avoir après refroidissement que des pressions de faible intensité. Cependant, les épaisseurs de métal n'étant pas constantes, il était nécessaire

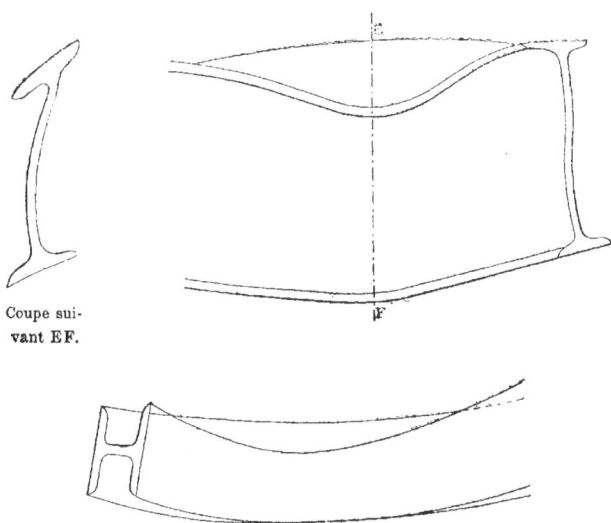

Coupe suivant EF.

77. — Échelle de 1/10.

de vérifier la douceur de l'acier au point séparant la partie chauffée de celle qui n'avait pas subi la chaleur du four : dans ce but, des barres furent portées au rouge cerise sur la moitié de leur longueur et abandonnées au refroidissement sur la plaque à cintrer ; on les disposa ensuite sur deux enclumes espacées de 0^m80 et de façon que l'âme fût horizontale. Le mouton de 1350 kilogrammes tombant de 10 mètres de hauteur au point de démarcation produisit la déformation (fig. 77 *bis*) sans aucune criqûre. Cette expérience faite sur deux barres qui fournirent, à 2 centimètres près, la même flèche, est très-concluante et prouve qu'on peut, sans le moindre inconvénient, chauffer les doubles T dans un four sur une partie de leur longueur.

On voulut aussi rechercher l'influence qu'un certain nombre de chaudes au rouge cerise peut exercer sur la texture fibreuse des doubles T. Deux barres subirent chacune dix chaudes dans ces conditions; quand on les retirait du four, on les abandonnait à leur refroidissement sans les soumettre à aucun travail; en les essayant au choc comme les barres précédentes, on obtint une déformation à peu près

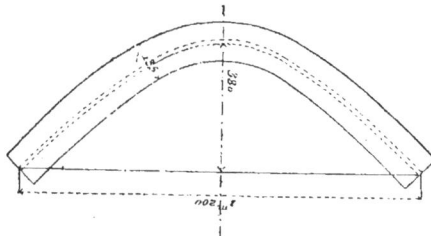

77 *bis*. — Échelle au 1/20.

identique à celle de la figure 77 *bis ;* aucune criqûre ne fut observée. Les barres mises en œuvre ne subissaient jamais un nombre de chaudes aussi considérable; elles ne perdaient donc pas, par des passages au four réitérés, une portion appréciable de leur élasticité.

D'autres expériences au choc ont été faites récemment pour vérifier l'effet du martelage et du recuit sur les doubles T. Quatre barres ont été fortement équerrées à chaud d'après le procédé qui a été exposé, en employant le levier et le marteau. Le travail a été le même pour toutes; mais deux d'entre elles ont été recuites; toutes les quatre ont ensuite été soumises au choc du mouton tombant d'une hauteur de quinze mètres. Les deux barres recuites se sont ployées, sans cassure, d'une manière très-remarquable, au moins autant que les précédentes (fig. 77 *bis*). Les deux barres non recuites se sont au contraire brisées en plusieurs morceaux, sans avoir subi de déformation appréciable et montrant ainsi un métal très-aigre.

Ce résultat résume complétement les faits relatifs au martelage et exposés précédemment.

Ces observations prouvent d'une façon évidente les avantages de l'emploi de l'acier doux pour résister au choc toutes les fois qu'on ne rencontrera pas de difficultés de fabrication ou de mise en œuvre. On voit d'ailleurs, d'après les résultats obtenus sur des barres chauffées un certain nombre de fois ou sur une portion de leur longueur, qu'on aura, dans tous les cas, les mêmes facilités de travail que pour le fer.

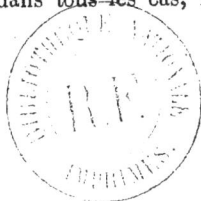

7

CHAPITRE VII

Du rivetage des tôles et fers profilés en acier.

Le rivetage des constructions en acier doit s'effectuer suivant des règles un peu différentes de celles qui sont adoptées pour le fer. Pour jonctionner deux ou plusieurs pièces en acier, il faut des rivets plus robustes ou plus nombreux que si ces pièces étaient en fer et présentaient par suite moins de résistance.

Les rivets peuvent être faits plus robustes, soit en les constituant avec un métal plus résistant que le fer, soit en augmentant leurs dimensions.

La première solution est la plus séduisante, et on a fait effectivement quelques tentatives pour substituer l'acier au fer dans la fabrication des rivets [1]. Les conclusions auxquelles on est arrivé en Angleterre semblent concorder entièrement avec les appréciations exposées précédemment. Les points capitaux dans le travail des rivets d'acier sont : « 1° de les chauffer suffisamment, tout en évitant de « dépasser le rouge cerise ; 2° de les marteler et de les finir le plus « vite possible. » Le travail au marteau, à une température inférieure au rouge, a en effet au plus haut degré l'inconvénient de tremper le métal à l'endroit où a lieu le choc. Les rivures sont dès lors constituées par des zones dans des conditions différentes ; les unes ne sont susceptibles que d'un allongement minime, mais ont une grande résistance ; les autres offriront moins de résistance et plus

[1] Voir l'ouvrage déjà cité de M. Reed.

d'allongement. On y retrouve, en un mot, tous les caractères dangereux que présente une tôle chauffée et martelée localement.

On doit chauffer le rivet suffisamment pour qu'il puisse se travailler avec facilité. Si on dépasse le rouge cerise, la contraction résultant de son refroidissement l'oblige à fournir une portion trop considérable de son allongement, et on s'expose à voir les têtes ou les rivures sauter.

On recommande aussi de les marteler et de les finir très-promptement, afin que le travail au marteau cessant, s'il est possible, quand le rivet est rouge, le carbone maintenu en dissolution par les coups de marteau puisse encore, par le refroidissement sans travail, se séparer de la dissolution.

La compagnie du Lloyd s'est prononcée formellement en Angleterre contre l'emploi des rivets d'acier; en présence de cette exclusion si catégorique, on n'a pas fait au port de Lorient d'expériences à ce sujet. Il est cependant possible que, si le rivetage était effectué promptement par une pression régulière, comme celle d'un appareil hydraulique, on puisse obtenir des résultats plus satisfaisants que ceux du rivetage au marteau. Les avantages qui pourraient résulter de l'emploi de rivets d'acier ne semblent pas assez importants pour qu'il nous ait paru bien intéressant de poursuivre des études dans cette voie.

L'augmentation de résistance du rivetage doit donc être cherchée pour les tôles d'acier dans l'accroissement des diamètres ou du nombre des rivets. Si on laisse de côté la question économique, la solution la plus satisfaisante serait probablement de multiplier le nombre des rivets en mettant, toutes les fois qu'on le pourrait, un rang de plus que dans les constructions en fer ; mais le surcroît de dépense qui en résulterait serait bien considérable. On a préféré au port de Lorient chercher l'augmentation de résistance dans un accroissement de diamètre.

On peut estimer en moyenne qu'une tôle d'acier d'épaisseur 1 peut être remplacée comme résistance à la traction par une tôle de fer d'épaisseur 4/3, ainsi qu'une tôle d'acier de 9 millimètres équivaut à une tôle de fer de 12 millimètres. On a dès lors appliqué aux tôles d'acier de 9 millimètres les règles de rivetage des tôles de fer de 12 millimètres ;

pour les autres épaisseurs, on faisait une comparaison analogue. Cette solution était simple et ne présentait aucune difficulté pour les rivets à tête plate ou à tête bombée ; mais, pour les rivets fraisés, la question était un peu plus compliquée. Si on considère en effet deux tôles reliées par des rivets fraisés (fig. 78), on voit que l'arrachement de ces tôles peut avoir lieu de deux manières : 1° par une déformation de la tôle permettant à la tête du rivet ou à la rivure de passer à travers le trou déformé ; 2° ou bien par le refoulement du métal constituant la tête ou la rivure qui peut alors passer à travers le trou non déformé. En réalité, l'arrachement a lieu par les deux effets combinés, mais on peut les étudier séparément.

Dans la tôle de fer M N P Q de même résistance que la tôle d'acier

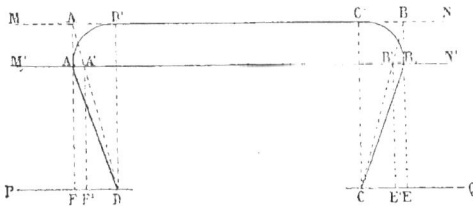

78.

M' N' P Q et recevant des rivets de même diamètre que celle-ci, le premier mode de rupture exige le refoulement de la zone A D F entourant le trou ou le cisaillement suivant le cylindre dont la génératrice est A F ; le second nécessite le refoulement de la partie A D D' du rivet ou la séparation suivant un cylindre de génératrice D D'. Si on considère maintenant la tôle d'acier M' N' P Q fixée avec le même rivet, on voit que la partie supérieure A B du rivet présente une arête vive excédant la tôle. De plus, l'arrachement pourra se faire par rupture de la surface cylindrique dont la génératrice est A' F' et légère compression de la partie A A' B B' de la tête. La surface du cylindre de rupture est à celle du cylindre dont A F est la génératrice dans un rapport inférieur à celui des épaisseurs M' P et M P. L'arrachement devrait donc se faire plus tôt sur la tôle d'acier que sur la tôle de fer. Pour ce motif, on a adopté pour forme des têtes et des rivures le contour $DA_1D'C'B'_1C$; les tôles d'acier ont donc reçu des fraisures plus accusées que les tôles de fer ; le grand diamètre A_1B_1 étant le même que celui A B convenable pour la tôle de fer correspondante comme résistance à la traction.

Dans ces conditions, l'arrachement de la tôle doit se faire suivant le cylindre A_1FB_1E dont la circonférence est la même que celle du cylindre A F B E et qui, par suite du surcroît de ténacité de la tôle d'acier, résiste à la séparation comme ce dernier. Le rivet se comporte lui-même à l'arrachement comme dans la tôle de fer et on évite l'arête saillante A B.

Tous les rivets fraisés, employés dans les travaux en acier, ont été

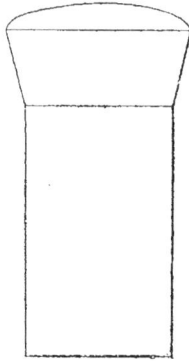

79. — Vraie grandeur.   80. — Vraie grandeur.

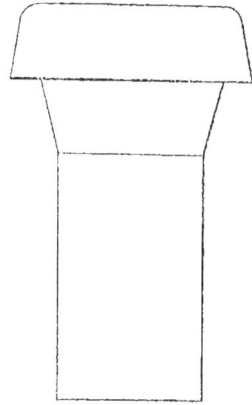

déterminés d'après ces principes ; la figure 79 représente un rivet de 22 millimètres.

Les rivets à tête plate offrent souvent peu de garantie de résistance ; on voit fréquemment les têtes sauter après le rivetage et le même fait se produit souvent sur des joints faits avec soin et soumis à un choc. Ces ruptures ont pour cause, d'une part le travail d'écrasement auquel la tête du rivet a été soumise quand on l'a formée, d'un autre côté l'angle vif que présente la jonction de la tête avec la tige et qui produit un effet comparable à un commencement de cassure.

Pour ces motifs, les rivets à tête plate employés au port de Lorient ont été choisis d'un système mixte recommandé d'ailleurs par M. Reed dans son ouvrage déjà cité [1]. Une partie en forme de tronc de cône (fig. 80) a été interposée entre la tige et la tête et remplissait une fraisure pratiquée à cet effet dans les tôles. Ce procédé permet d'avoir beaucoup plus de confiance dans le rivetage. Si une cause quelconque produit ultérieurement la rupture de la tête, les tôles ne seront pas abandonnées à elles-mêmes, mais seront encore maintenues par les fraisures. On peut ainsi réduire notablement la hauteur et, par suite, le poids des têtes des rivets à tête plate tout en laissant hors des tôles une portion de métal assez considérable pour fournir à l'oxydation et à l'usure dans les régions qui y sont exposées.

La fraisure nécessaire pour le logement de la partie conique des têtes était, dans les tôles de fer, débouchée au poinçon sans aucun travail de fraisage ultérieur, en employant des matrices d'un diamètre plus grand de quelques millimètres que celui du poinçon. Dans les tôles d'acier, la fraisure était obtenue au foret en agrandissant un trou poinçonné cylindrique. Ainsi, dans les deux cas, l'adoption de cette forme de rivets n'entraînait pas de surcroît de travail. La fabrication de ces rivets n'est d'ailleurs pas plus compliquée que celle des rivets à tête plate ordinaires ; aucune raison ne peut donc s'opposer à la généralisation très-désirable de rivets de cette forme.

Il était intéressant de rechercher si la chaleur que possède le rivet mis bien chaud dans son trou était susceptible de restituer à la zone environnante, échauffée par son contact, une partie de son élasticité primitive perdue par le poinçonnage. Des barrettes de tôles d'acier furent poinçonnées de trous disposés dans leur axe ; dans chacun de ces trous on riva un rivet chauffé presque au blanc. Lorsque le refroidissement fut complet, les barrettes furent rompues, mais elles accusèrent exactement les mêmes résultats que des barrettes poinçonnées de même largeur sans rivetage. La chaleur transmise par les rivets aux bords des trous poinçonnés qu'ils remplissent, est donc tout à fait insuffisante pour modifier les conditions dans lesquelles se trouvent les fibres du métal.

[1] Je crois que ces rivets ont été introduits dans les constructions navales par M. Scott Russel, qui les a employés dans l'assemblage des tôles de bordé du Great Eastern.

CHAPITRE VIII

Résumé et Conclusion.

Les faits rapportés dans les chapitres précédents ont tous reçu des explications basées sur la théorie que nous avons adoptée et qui, dans l'état actuel de nos connaissances, nous semble très-probable. Nos observations ne portent généralement que sur deux variétés d'aciers doux, celle livrée par Terre-Noire et celle du Creusot. Ces matériaux se sont comportés avec une égalité si complète dans les divers travaux qu'on a eu à effectuer, qu'on doit admettre que la plus grande régularité a régné dans la fabrication ainsi que dans la composition des minerais qui ont servi à les obtenir. Nous avons vu que l'acier Martin du Creusot [1] se comportait comme auraient pu le faire des aciers Bessemer moins carburés que ceux qui provenaient de Terre-Noire et ayant, à part le carbone, la même composition. La présence dans les aciers de matières autres que le carbone exerce évidemment une grande influence sur les propriétés du métal et peut modifier les lois si simples que nous avons admises ; mais leur présence ne paraît pas devoir apporter de changement notable aux explications que nous avons données.

Les précautions à apporter dans le travail de l'acier se résument facilement : 1° éviter toute cause produisant une pression locale, de quelque nature qu'elle soit ; 2° si on a été conduit à produire des pressions locales, provenant du choc du marteau, de l'action du

---

[1] La comparaison que nous avons faite ne porte évidemment que sur certaines variétés d'aciers Bessemer et d'aciers Martin ; elle ne peut, en aucune façon, établir d'une manière positive la supériorité d'un procédé de fabrication par rapport à l'autre.

poinçon, etc., qui péuvent, comme on l'a vu, amener des ruptures, chauffer la pièce au rouge cerise d'une manière régulière et, autant que possible, dans son ensemble. Ce simple réchauffage, qu'on peut regarder comme un recuit pour des tôles et fers profilés, en raison de leurs faibles épaisseurs, restitue ses qualités premières au métal travaillé, même s'il était dans l'équilibre le plus instable.

Ces précautions ne pourront pas toujours être observées d'une manière absolue ; mais il sera facile, dans la plupart des cas, d'en tenir le plus grand compte, sans qu'il en résulte de la gêne ou de la complication dans les travaux. Suivant la nature des ouvrages qu'on aura à effectuer, il sera prudent de choisir certaines catégories d'aciers doux de préférence à d'autres. Ainsi, pour toutes les parties d'une construction qui devront être fortement travaillées ou résister prin-cipalement au choc, il y aura intérêt à choisir des aciers peu carburés supportant mieux des chaudes partielles, le martelage répété, et plus faciles à souder ; tandis que, pour les pièces qui doivent être relati-vement moins travaillées ou supporter des efforts sans chocs, il sera préférable de demander des aciers plus durs et plus résistants. Dans tous les cas, nous ne croyons pas qu'il y ait grand intérêt à adopter, sauf pour des travaux tout à fait exceptionnels, des aciers moins carburés que la variété livrée par le Creusot au port de Lorient. En remplaçant le fer par des aciers en différant peu, la légère augmen-tation de résistance résultant de cette substitution serait un faible avantage pour compenser l'écart considérable des prix d'achat. Les aciers doux résistant à la rupture à 45 kilogrammes sont faciles à travailler ; entre les mains d'ouvriers exercés, ils ne présentent pas de dangers de rupture : c'est dans cette classe que doivent être choisis les matériaux qui ont à subir des travaux considérables. Les aciers plus carburés doivent être réservés pour des parties un peu moins façonnées.

Nos observations n'ont porté que sur des pièces de peu d'épais-seur ; les difficultés qu'on peut rencontrer en travaillant l'acier doux sont d'autant plus considérables qu'on l'emploie sur une plus forte épaisseur ; un simple chauffage avec refroidissement à l'air libre ne peut plus alors être considéré comme un recuit ; on doit effec-tuer ce refroidissement dans le four où la pièce a été chauffée et en

proportionner la durée à l'épaisseur du métal. Mais le refroidissement très-lent permet la cristallisation des couches intérieures et a
l'inconvénient de produire ainsi la suppression des fibres obtenues
par le forgeage. Un résultat assez satisfaisant peut souvent être
obtenu par une trempe régulière; cependant on doit redouter par
cette opération d'altérer trop l'élasticité et de provoquer des ruptures. Après la trempe les fibres du centre et de la surface sont soumises à de violentes tensions moléculaires qui absorbent une portion notable de leur allongement. De plus le métal trempé est par
ce seul fait dans des conditions d'élasticité plus défavorables qu'après
le recuit.

Les pièces d'acier sont toujours obtenues par la coulée de lingots;
à cet état, l'acier n'a pas les qualités qu'on lui donne ultérieurement
par l'étirage au marteau ou au laminoir. Comme dans la plupart des
pièces fondues, l'élasticité est très-minime et ne s'acquiert que par
le forgeage. On doit éviter de chauffer brusquement les pièces dans
cet état, puisque la dilatation de la surface, se produisant d'abord,
peut amener la séparation des couches intérieures. Les pièces forgées
sont moins sujettes à la rupture par le chauffage brusque de leur
surface, puisque la dilatation du métal à l'extérieur ne produit pas
de pression sur les couches intérieures; elles les soumet seulement à
une traction que leur allongement acquis par le forgeage leur permet de supporter. Néanmoins, on juge plus prudent de chauffer les
grosses pièces d'acier graduellement en abaissant au rouge sombre
la température du four où on les met, quand elles sont froides.

Les mêmes précautions sont nécessaires, quand une pièce a subi
un très-grand nombre de chaudes avec refroidissement lent sans
travail d'étirage. On sait que par cette série de recuits, le métal se
rapproche de la texture qu'il a quand on vient de le couler et qu'il
perd une grande partie de ses propriétés élastiques. Cet effet ne se
produisait pas dans les travaux exposés précédemment, car le nombre
de chaudes était toujours restreint. Le peu d'épaisseur des tôles et fers
profilés mis en œuvre permettait aussi de les mettre dans le four à
gaz sans abaissement préalable de la température du four.

Il importe que les aciers livrés par les usines soient amenés à l'état
de douceur le plus complet possible correspondant à leur degré de

carburation. Dans ce but, on doit éviter le laminage à trop basse
température, et il est bon de réchauffer les tôles et fers profilés avant
de les employer ; cette chaude, tenant lieu de recuit, donne de très-
bons résultats quand elle a lieu au rouge cerise. Peut-être cette
température peut-elle être un peu abaissée ; des expériences précises
pourraient seules le vérifier [1].

En résumé, d'après la pratique acquise récemment au port de
Lorient par les travaux assez compliqués qu'on a eu à exécuter en
acier doux, on peut désormais entreprendre sans crainte avec ce métal
tous les travaux de grosse chaudronnerie qui peuvent s'effectuer avec
du fer et même des travaux que des tôles et fers profilés ne suppor-
teraient pas. Mais il faut toujours observer une méthode raisonnée
et suivie, analogue à celle que nous avons adoptée ; c'est le seul
moyen d'éviter tous les ennuis qu'a causés l'acier aux constructeurs
qui l'ont employé jusqu'ici.

[1] Depuis que ces lignes ont été écrites, quelques expériences ont été entreprises pour
vérifier le degré de température nécessaire pour le recuit des tôles d'acier.

Des barrettes de 60^{mm} de large en tôles de Terre-Noire ont été poinçonnées d'un trou
de 17^{mm} de façon à produire une altération du métal. On les a ensuite chauffées dans un
four à gaz en notant la durée de ce recuit. En les rompant à la machine d'épreuve, on a
obtenu comme résultats moyens :

DURÉE DU SÉJOUR dans le four.	COULEUR DES BARRETTES à leur sortie du four.	RÉSISTANCE à la rupture.
1 minute.	Noir.	42^k.5
1^m.30^s	Rouge très-sombre.	44^k.8
2 minutes	Rouge.	48^k.2
2^m.30^s	Rouge cerise.	48^k.9
3 minutes.	Rouge cerise clair.	50^k.2

Chacun de ces chiffres est la moyenne de 4 épreuves. En se reportant à la résistance
des barrettes poinçonnées de 60^{mm} de large, on voit que le chauffage est insuffisant à restituer au métal toute sa valeur primitive tant qu'on n'atteint pas le rouge ; du rouge au rouge
cerise clair, il semble y avoir encore une légère amélioration.

La vulgarisation d'un métal qui jouit d'une grande résistance, tout en présentant à la rupture des allongements énormes, offre le plus grand intérêt. Nous nous estimerons très-heureux si, par ces quelques observations, nous pouvons contribuer à ce résultat en levant les doutes des constructeurs et ingénieurs qui sont à même de l'employer.

TABLE DES MATIÈRES

FIN DE LA TABLE.

Paris. — Typ. Georges Chamerot, rue des Saints-Pères, 19.

SUPPLÉMENT AU CATALOGUE

DE LA LIBRAIRIE POLYTECHNIQUE

DE

J. BAUDRY, ÉDITEUR

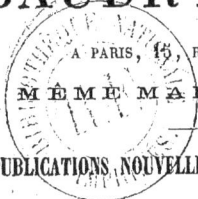

A PARIS, 15, RUE DES SAINTS-PÈRES

MÊME MAISON A LIÉGE

PUBLICATIONS NOUVELLES ET RÉCENTES ACQUISITIONS

Novembre 1874.

Album de l'exposition rétrospective de Tours, en 1873. 1 volume in-folio de 61 planches exécutées en photoglyptie. Chaque planche est accompagnée d'une feuille de texte explicatif. Prix, cartonné. 100 fr.

Il ne reste plus que quelques exemplaires de cette magnifique publication qui n'a été tirée qu'à 100 exemplaires.

Annuaire de la Société des anciens élèves des Écoles d'arts et métiers. 1873. 1 volume in-8, figures. 10 fr.

ARMENGAUD aîné. **Publication industrielle des machines, outils et appareils** les plus perfectionnés et les plus récents, employés dans les différentes branches de l'industrie française et étrangère.

Six livraisons doubles, paraissant environ tous les deux mois, forment un atlas de 48 planches et un volume de texte de 580 à 600 pages.

Prix pour Paris. . . . . 40 **fr.**
— pour les départements . . . . 45 fr.

Le tome XXIIe est en cours d'exécution.

Il nous reste encore quelques collections des tomes XVIII à XXI au prix de 40 fr. le volume.

ANTONINE AUBÉ (Mme). *Publications de la Mode universelle.* **Traité de couture divisé en 2 parties.**

1re *partie.* — **De la robe et des vêtements en général.**
1 volume in-12, avec 168 gravures. 1 fr. 50
Par la poste, *franco.* 1 fr 70

2e *partie.* — **De la chemise d'homme et de la lingerie en général.**
1 volume in-12, avec gravures. 1 fr. 50
Par la poste, *franco.* 1 fr. 70

BARBA (J.). **Étude sur l'emploi de l'acier dans les constructions.**
1 volume grand in-8, avec figures dans le texte. 5 fr.

Bibliothèque des enfants. Nouvelle édition illustrée des contes de Perrault et des contes des frères Grimm. Chaque volume, format petit in-4, contenant 8 gravures hors texte magnifiquement imprimées en couleur. 1 fr.

Liste des volumes parus :

LE PETIT CHAPERON ROUGE. . . . 1 vol.	LES TROIS FRÈRES. . . . . 1 vol.
LE PETIT POUCET . . . . 1 »	LE VALEUREUX PETIT TAILLEUR. . 1 »
LE CHAT BOTTÉ . . . . 1 »	PETIT FRÈRE ET PETITE SŒUR. . . 1 »
CENDRILLON. . . . . 1 »	LE LIÈVRE ET LE HÉRISSON. . . . 1 »
LA BELLE AU BOIS DORMANT. . . . 1 »	

BLÉRY. Fleurs exotiques et de serre, dessinées d'après nature. 1 volume in-4 de 28 planches, paraissant en 5 livraisons à 5 fr. 25 fr.

Bulletin du Musée de l'Industrie de Belgique. 12 livraisons par an. 16 fr.

BURAT. Géologie de la France. 1 volume grand in-8, avec de nombreuses figures. 16 fr.

—— **Supplément au cours d'exploitation des mines.** 1 volume grand in-8 et 1 atlas de 20 planches. 18 fr.

CAILLAUX (Alfred). Tableau général et description des gisements métallifères et des combustibles de la France. 1 volume grand in-8. 15 fr.

—— **Note sur la dynamite.** Brochure grand in-8. 2 fr.

—— **Résumé historique des législations minières anciennes et modernes.** Brochure grand in-8. 2 fr.

CARPEY. Tableaux décoratifs, plafonds, panneaux, allégories, groupes, attributs. 21 photographies in-folio. 55 fr.

CASALONGA. Éléments proportionnels de construction mécanique, disposés en séries. 1 volume in-8 contenant 64 planches. 25 fr.

COCHERIS (Hippolyte). Dictionnaire des anciens noms des communes du département de Seine-et-Oise. 1 volume in-8, papier vergé. 3 fr.

COSTA DE BASTELICA. Les Torrents, leurs lois, leurs causes, leurs effets. Moyens de les réprimer et de les utiliser. Leur action géologique universelle. 1 volume in-8, figures et planches. 7 fr. 50

COURTIN. La Résistance des matériaux mise à la portée de toutes les personnes qui s'occupent de constructions. 1 volume in-8, avec figures. 5 fr.

DANKS. Le Puddlage mécanique par le procédé Danks. 1 volume in-8 avec planche. 4 fr.

DES BIARS (G.). De l'emploi du fer dans les constructions, 1 brochure in-8. 3 fr.

DUPASQUIER (Louis). Monographie de Notre-Dame de Brou. 1 volume grand in-folio, avec 30 planches, dont 12 en couleur. 150 fr.

DUTILLEUX (A.). **Topographie ecclésiastique du département de Seine-et-Oise.** 1 volume in-8, avec une carte. 3 fr.

FICHET. **Etudes sur la combustion et sur la construction rationnelle des foyers industriels.** 1 brochure in-8, avec 1 planche. 3 fr.

FONTAINE. **Description des machines les plus remarquables et les plus nouvelles de l'Exposition de Vienne en 1873 :** Moteurs, machines-outils, locomotives, appareils divers ; précédée d'une notice sur les progrès récents de la métallurgie. 1 volume grand in-8 et 1 atlas de 60 planches in-folio. 35 fr.

FOUGEADOIRE. **Chiffres de tous styles.** Un album grand in-4 oblong, élégamment cartonné, composé de 93 planches gravées sur acier, contenant 2,200 dessins nouveaux de chiffres, monogrammes, couronnes et armoiries. 70 fr.

—— **Chiffres Renaissance.** Un album in-4, élégamment cartonné, composé de 38 planches, contenant 500 dessins. 20 fr.

—— **Chiffres Louis XV.** Un album in-4, élégamment cartonné, composé de 38 planches, contenant 500 dessins. 20 fr.

—— **Chiffres modernes.** Un album in-4, élégamment cartonné, composé de 51 planches, contenant 820 dessins. 26 fr.

—— **Album spécimen de chiffres de tous les styles, couronnes et armoiries.** 6 fr.

GOSCHLER. **Les Chemins de fer nécessaires,** suivi d'une étude sur l'établissement des tramways et des chemins à voie étroite. 1 volume grand in-8, avec 7 planches. 7 fr.

GRUZ. **Motifs de peinture décorative** pour appartements modernes. 1 volume in-folio, contenant 60 planches magnifiquement imprimées en chromolithographie, et accompagnées d'un texte descriptif et explicatif, paraissant en 12 livraisons à 10 fr. 120 fr.

GUÉRANGER (Dom). **Sainte Cécile et la Société romaine** aux deux premiers siècles. 1 volume in-4, contenant 250 gravures sur bois, 6 planches en taille-douce et 2 chromolithographies, 25 fr.

HABETS (A.). Exposition universelle de Vienne. **Mines et Métallurgie.** 1re *partie.* **Institutions ouvrières spéciales aux mines et à la métallurgie.** 1 volume in-8, avec 8 planches. 3 fr.

HERPIN (A.). **Dictionnaire astronomique.** 1 beau volume grand in-8, avec figures et planches. 12 fr.

JACQUES. **Etude sur la houille du bassin de Liége.** 1re *partie.* **Houille grasse.** 1 volume in-8. 5 fr.

JOLY (Ch.). **Traité pratique du chauffage, de la ventilation et de la distribution des eaux dans les habitations particulières.**

2e édition, considérablement augmentée. 1 volume grand in-8, avec
375 figures dans le texte.   10 fr.

JORDAN (S.). **Album du cours de métallurgie** professé à l'École centrale.
140 planches in-folio cotées et à l'échelle, avec la lettre en français et
en anglais, et 1 volume in-8.   80 fr.

—— **Notes sur la fabrication de l'acier Bessemer aux États-Unis.**
1 brochure grand in-8, avec planches.   4 fr. 50

LACROIX (L.) (bibliophile Jacob). **La Vie militaire et religieuse au
moyen âge et à l'époque de la Renaissance.** 1 volume in-4,
contenant 409 gravures sur bois et 14 chromolithographies.   25 fr.

—— **Le Dix-huitième Siècle.** Institutions, usages et costumes. 1 volume in-4, contenant 350 gravures sur bois et 21 chromolithographies.   30 fr.

LAHURE (baron A.), **Direction des armées, Notes sur le service des
états-majors en campagne et en temps de paix,** 2 forts volumes
in-8, avec cartes et plans.   15 fr.

LAMPUÉ. **Concours d'architecture.** 3e série. 1 volume in-folio, contenant
42 photographies.   70 fr.

—— **Fragments d'architecture antique et de la Renaissance.** 2e série.
1 volume in-folio, contenant 42 photographies.   70 fr.

LANCE. **Dictionnaire des architectes français.** 2 volumes grand
in-8.   25 fr.

—— **Excursion en Italie.** 2e édition, illustrée de 15 eaux-fortes. 1 volume
grand in-8.   20 fr.

LARUE (A.). **Manuel des voies navigables de la France.** 1 volume grand
in-8 et 1 grande carte.   20 fr.

LEGRAND. **Recueil sommaire des ponts** projetés et exécutés pour le service vicinal, par A. Legrand. 1 volume in-folio oblong, avec 14 planches et texte.   15 fr.

LEPREUX. **Un Album d'architecte.** 1 volume grand in-8, composé de
70 planches en carton.   25 fr.

LEYDER. **Recherches sur la ventilation naturelle et la ventilation
artificielle, principalement dans les étables,** ainsi que sur la po-
rosité de quelques matériaux de construction, par le docteur Max
Marker, traduit de l'anglais. 1 vol. in-8.   2 fr.

LIGER. **Fosses d'aisances, Latrines, Urinoirs et Vidanges.** Historique,
construction, ventilation, désinfection, étude des différents systèmes,
applications à l'agriculture, législation et jurisprudence. 1 volume grand
in-8, avec 210 figures dans le texte et 16 planches hors texte. 20 fr.

—— **La Ferronnerie ancienne et moderne,** ou Monographie du fer et de
la serrurerie. Tome I, contenant 16 planches hors texte et 289 figures
dans le texte.   25 fr.

LIGER, **Dictionnaire historique et pratique de la voirie, de la police municipale, de la construction et de la contiguïté.**

Parties publiées :

Jambes étrières et autres points d'appui dans les bâtiments. Brochure in-8, avec figures dans le texte. 2 fr.

Cours et courrettes. 1 volume in-8, avec figures intercalées dans le texte. 3 fr.

Pans de bois et pans de fer. 1 volume in-8, avec figures intercalées dans le texte. 5 fr.

LÜTZOW et TISCHLER, architectes. **Architecture moderne de Vienne.** 1 volume in-folio, contenant 96 planches et texte, publié en 12 livraisons de 8 planches chacune. 120 fr.

MASTAING (L. de). **Cours de mécanique appliquée à la résistance des matériaux.** 1 volume grand in-8, avec de nombreuses figures intercalées dans le texte. 15 fr.

MULLER. **La Flore pittoresque.** Fleurs et croquis d'après nature. 1 volume grand in-folio, contenant 25 planches sur papier de Chine. 60 fr.

OWEN JONES, **Grammaire de l'ornement,** illustrée d'exemples pris de divers styles. 1 volume in-folio de 112 planches en couleur, relié. 200 fr.

PAULET (Maxime). **Traité de la conservation des bois,** des substances alimentaires et de diverses matières organiques. 1 volume grand in-8. 9 fr.

PFNOR. **Monographie du palais de Fontainebleau.** 2e édition. 150 planches, avec tables explicatives, paraissant en 6 séries de 25 planches chacune.
Prix de chaque série : 30 fr.
L'ouvrage complet : 180 fr.

—— **Le Mobilier de la Couronne et des grandes collections publiques et particulières** du XIIIᵉ au XIXᵉ siècle. 1 volume grand in-8, contenant 40 planches in-4 gravées sur acier et 10 feuilles grand aigle de dessins de grandeur d'exécution. 60 fr.

QUETIER. **Collection des plus beaux types d'architecture,** d'après les monuments les plus remarquables, publiés en photographie. 1 volume grand in-folio, contenant 20 photographies. 100 fr.

REVEIL. **Musée de peinture et de sculpture,** ou Recueil des principaux tableaux, statues et bas-reliefs des collections publiques de l'Europe; 2e édition, avec texte par R. et L. Ménard. 10 volumes in-18, reliés en toile. 130 fr.
Reliés en demi-maroquin et tête dorée. 150 fr.

SALVETAT (Alp.). **Cours de technologie chimique.** 1re partie : **Céramique.** 24 planches. — 2e partie : **Couleurs. Blanchiment, Teinture et Impression,** 26 planches. — 3e partie : **Métallurgie** (métaux autres que le fer). 20 planches formant ensemble 1 volume in-4.   25 fr.

SEBILLOTTE (L.-A.). **Construction des bassins de radoub de Marseille : Atlas du matériel et des travaux.** 1 volume grand in-folio, contenant 40 planches doubles.   100 fr.

   Notice sur l'exécution des travaux. 1 volume in-4, avec 97 figures intercalées dans le texte et 1 planche.   20 fr.

SERGENT. **Traité pratique et complet de tous les mesurages, métrages, jaugeages de tous les corps.** 2 gros volumes grand in-8 et 1 atlas in-folio de 47 planches gravées sur acier.   50 fr.

THOMAS. **Du Dynamomètre indicateur de Watt,** et de la manière de s'en servir pour juger la marche et le rendement des machines à vapeur. **Manuel pratique.** 1 volume in-8, avec figures.   3 fr. 50

VASSELON. **Carnet du conducteur de travaux.** 1 volume in-12, élégamment cartonné.   6 fr. 75

VINET. **Bibliographie méthodique et raisonnée des beaux-arts,** avec tables alphabétiques et analytiques. 1 volume grand in-8 de 600 pages à 2 colonnes, publié en 4 livraisons. Prix de l'ouvrage complet, pour les souscripteurs :   20 fr.
   Aussitôt l'ouvrage terminé, le prix en sera porté à   25 fr.

VIOLLET-LE-DUC. **Habitations modernes.** 1 volume in-folio de 200 planches, paraissant en 10 livraisons de 20 planches.   200 fr.

WINKLER. **Guide de l'architecte et de l'ingénieur à Vienne.** 1 volume in-18, élégamment cartonné, avec figures, cartes et plans.   9 fr.

LA MODE UNIVERSELLE

JOURNAL ILLUSTRÉ DES DAMES

Première édition		**Édition de luxe**	
Donnant par an 24 numéros. 2000 gravures, 200 patrons, 400 dessins de broderies.		Contenant les mêmes éléments que la 1re édition, plus 36 gravures coloriées.	
	Paris / Départements		Paris / Départements
Un an....	6 » 8 »	Un an ...	15 » 18 »
Six mois..	3 50 4 »	Six mois..	8 » 10 »
Trois mois.	2 » 2 »	Trois mois	4 » 5 »

ENVOI DE NUMÉROS SPÉCIMENS GRATIS

Paris. — Typographie Georges Chamerot, rue des Saints-Pères, 19.

EXTRAIT DU CATALOGUE

DE LA LIBRAIRIE POLYTECHNIQUE

DE

BAUDRY, ÉDITEUR

A PARIS, 15, RUE DES SAINTS-PÈRES

MÊME MAISON A LIÈGE

.... (Jules). **Traité complet de la filature du coton.** 1 gros volume
in-8 et un atlas grand in-4 de 38 planches doubles.   35 fr.

.... sur les arts textiles à l'Exposition universelle de **1867.**
1 volume in-8 et un atlas in-4 de 25 planches doubles.   30 fr.

.... **travail de la laine cardée.** 2 volumes in-8 et atlas in-4
de 40 planches doubles.   50 fr.

.... **Traité du travail des laines peignées.** 1 gros volume in-8 et un atlas
in-4 de 48 planches doubles.   40 fr.

.... du Conservatoire des arts et métiers. Les Annales du Conservatoire paraissent en fascicules de 160 à 200 pages in-8 avec gravures.
.... Quatre fascicules forment un volume.

Prix de l'abonnement par volume :

Pour la France et la Belgique   20 fr.
Pour l'Étranger.   24 fr.

ARMENGAUD (jeune). **Formulaire de l'Ingénieur.** 1 vol. in-12.   4 fr.

.... **L'Ouvrier mécanicien.** 1 vol. in-12 avec planches.   4 fr.

ADHÉMAR (dit Poiteau la fidelité). **Traité complet et pratique de la
construction des escaliers en charpente et en pierre.** Atlas
in-folio de 30 planches et 1 volume de texte in-18.   12 fr.

ALBES. Étude des dimensions du Grand Temple de Pæstum. 1 volume
in-4 et un atlas grand in-folio de 7 planches doubles.   25 fr.

.... **Concordance des vases apollinaires et de l'Itinéraire de Bor-
deaux à Jérusalem.** 1 volume in-8.   5 fr.

AUDOIS. Étude sur les moyens mécaniques, employés au canal de Suez,
1 brochure in-8, planche.   2 fr. 50

BALDUS. Palais du Louvre et des Tuileries.
1re partie, décoration intérieure. 100 pl. in-folio.   150 fr.
2e   —   extérieure. 100 pl. in-folio.   150 fr.

BURAT. Supplément au matériel des houillères. 1 vol. grand in-8 et
1 atlas de 50 planches in-folio.   30 fr.

———— Les Houillères de la France en 1866. 1 volume grand in-8 et un
atlas in-4 de 25 pl. dont plusieurs doubles et triples.   20 fr.

———— Les Houillères en 1867. 1 vol. grand in-8 et 1 atlas de 25 planches
dont plusieurs doubles et triples.   20 fr.

———— Les Houillères en 1868. 1 vol. grand in-8 et 1 atlas in-4 de 25 pl.
dont plusieurs doubles et triples.   20 fr.

———— Les Houillères en 1869. 1 vol. grand in-8 et 1 atlas in-4 de 12 pl.
dont plusieurs doubles et triples.   15 fr.

———— Les Houillères en 1872. 1 vol. grand in-8 et 1 atlas in-4 de 10 pl.
doubles.   15 fr.

———— Les Houillères en 1873. 1 vol. grand in-8 et 1 atlas in-4 de planches. (Sous presse.)

———— Applications de la géologie à l'agriculture. 1 vol. in-16. 1 fr. 50

———— Situation de l'industrie houillère en 1859. 1 vol. in-8.   5 fr.

———— Situation de l'industrie houillère en 1860, 1861, 1862, 1863, 1864.
Chaque volume.   2 fr. 50

BURY. Traité de la législation des mines. 2 vol. in-8.   18 fr.

CAHEN. Métallurgie du plomb en Belgique. 1 vol. in-8, 230 pages,
10 planches et tableaux.   5 fr.

CASTERMANS (Auguste). Parallèle des maisons de Bruxelles. 2 beaux
volumes contenant 240 planches in-fol.   160 fr.

CHALLETON DE BRUGHAT. Des Armes à feu se chargeant par la
culasse. 1 vol. in-8 jésus.   2 fr. 50

CHAMPION (P.). La Dynamite et la Nitroglycérine. 1 vol. in-18 jésus,
avec de nombreuses gravures sur bois.   4 fr.

CHAMPOLLION-FIGEAC. Le Palais de Fontainebleau. 1 très-beau vol.
de texte in-folio de l'Imprimerie nationale et 1 atlas de 32 pl. 150 fr.

Chronique de l'industrie. journal hebdomadaire illustré.
1 an 30 fr.   6 mois 16 fr.   3 mois 9 fr.

CIALDI (A.). Les Ports-Chenaux et Port Saïd. 1 volume in-8 avec fig. et
2 planches.   6 fr.

CLERMONT-GANNEAU. La Stèle de Dhiban ou Stèle de Mesa. 1 brochure in-4.   5 fr.

CLEUZIOU (H. du). De la poterie gauloise. 1 beau volume grand in-8, orné
de plus de 200 gravures sur bois.   12 fr.

CLUYSENAAR. Bâtiments de stations. In-4, avec 33 planches en couleur
cart.   30 fr.

COCKERILL (Portefeuille de John), description des machines. 2 forts
volumes grand in-4 et atlas in-fol. 200 planches.   300 fr.

———— (Portefeuille de John), Nouvelle série. Se publie en 9 livraisons com-
posées chacune de 20 planches et de 10 feuilles de texte. Prix de la
livraison.   20 fr.

FLACHAT. **Navigation à vapeur transocéanienne. Etudes scientifiques.** 2 vol. in-8 et 1 atlas de 50 planches. 24 fr.

FONTAINE (A.) et BUQUET (H.). **Revue industrielle.** (Voyez *Revue.*)

FRANQUOY. **Des Progrès de la fabrication du fer.** 1 vol. in-8. 3 fr. 50

—— **De la fabrication des combustibles agglomérés.** 1 vol. in-8 avec 6 planches. 3 fr. 50

—— **Nouveau Système de Fahrkunsts.** Brochure in-8 et 2 planches in-4. 2 fr.

GADRIOT. **L'Ouvrier menuisier.** 1 atlas de 90 planches grand in-folio et 1 vol. in-8 de texte. Prix, Paris. 35 fr.
Départements. 37 fr.

GAILHABAUD. **Les Monuments anciens et modernes.** 4 vol. in-4, renfermant 400 planches gravées et texte. 300 fr.

GAND. **Cours de tissage.** Tome Ier, 1 gros vol. grand in-8, avec 30 planches, 8 tableaux et 150 fig. dans le texte. 20 fr.

—— et SÉE. **Traité complet de la coupe longitudinale des velours,** (1765 à 1865). 24 pl. 40 figures intercalées dans le texte et divers tableaux synoptiques, 188 pages. 12 fr.

—— **Le Transpositeur.** Ouvrage orné de 3 planches, 30 figures sur pierre et sur bois. 3 fr.

—— **Stratagème de tissage.** Brochure in-8. 1 fr.

GÉRONDEAU. **Notice sur l'agglomération des charbons menus.** 1 vol. in-8 avec planches. 4 fr.

—— **Note sur les machines à gaz.** 1 vol. in-8 avec pl. 4 fr.

GILLON. **Cours de métallurgie générale.** 1 vol. grand in-8 avec atlas de 12 planches. 8 fr.
Voir aussi LESOINNE et A. GILLON. **Cours de métallurgie.**

GISLAIN. **Du Fer et du charbon à Épinac-Autun et environs.** 1 vol. in-8 avec planches. 3 fr.

GLEPIN. **De l'Établissement des puits de mines dans les terrains ébouleux et aquifères.** 1 vol. in-8 avec 1 atlas de 16 pl. grand in-4 dont plusieurs doubles. 25 fr.

GLOESENER. **Traité général des applications de l'électricité.** En vente tome Ier, 1 vol. in-8, avec 18 planches. 15 fr.

Glossaire des termes techniques d'architecture gothique. 1 volume in-12. 2 fr.

GOSCHLER. **Traité pratique de l'entretien et de l'exploitation des chemins de fer.** 4 gros vol. in-8, avec de nombreuses gravures dans le texte et 1 atlas in-8 de 35 planches; nouvelle édition. En vente les tomes I et II avec l'atlas. Service de la voie. 32 fr.
Les tomes III et IV sont sous presse.

GRATEAU. **Mémoire sur la fabrication de l'acier fondu.** In-8, avec planches. 2 fr. 50

—— **L'École des mines de Paris.** Brochure in-8. 1 fr.

GUETTIER. **De l'Organisation de l'enseignement industriel.** 1 volume in-8. 4 fr.

GUILLEMIN. Histoire des Écoles d'arts et métiers ... ...

GUÉMARD. Album du menuisier parisien. ... ...
    96 planches ... ...
    — Le Menuisier parisien. 1 vol. grand in-4 contenant 91 pl. ...
    — La Décoration au xixe siècle. 1 vol. in-4, contenant 48 pl. ...
    — Histoire de l'ornement. 1 volume in-4 contenant 41 planches et
    texte. ... ... 25 fr.

HART. Die Werkzeugmaschinen für den Maschinenbau. 77 planches
    in-folio et 1 vol. de texte in-8. Nouvelle édition 1872. 60 fr.

HAVREZ. Principes de chimie unitaire. In-8. 3 fr.

GUÉNY (Jules). Traité pratique de l'exploitation des mines de
    houille. 1 vol. in-8, 104 pages et 16 planches. 8 fr.

HERLANT. Précis du cours de chimie usuelle. 1 vol. in-12. ... fr.

HERMANN. Résumé et Exercices d'algèbre élémentaire. 1 volume
    in-8. 2 fr.

HOFFSTADT. Principes du style gothique. 1 vol. in-8 de texte, avec
    1 atlas in-folio de 40 planches. 40 fr.

HUIN. Théorie et Description des régulateurs isochrones. 1 br. in-8,
    avec 4 gr. planches. 3 fr.

JOLY. Traité pratique du chauffage, de la ventilation et de la distri-
    bution des eaux. 1 vol. in-8 avec 156 gravures dans le texte
    (Épuisé).
       L'auteur prépare en ce moment une 2e édition considérablement
    augmentée.

JORDAN. Cours de métallurgie. 1 vol. in-8 avec un atlas in-folio de 116
    planches. 50 fr.
    — État actuel de la métallurgie du fer. In-8 avec pl. ... fr.

JUPÉ. Exercices de géométrie analytique. In-8 avec 12 planches gra-
    vées. 4 fr.

KILLIEN. Traité théorique et pratique de la métallurgie du fer.
    1 vol. in-8 avec atlas de 52 planches. 30 fr.
    — Annexes au traité de la métallurgie du fer. 1er mémoire in-8. 3 fr.
    — Traité théorique et pratique de la construction des machines à
    vapeur. 2e édition. 1 vol. in-8, 480 pages avec fig. dans le texte et
    atlas de 58 pl. doubles. ... fr.

KONINCK (De) et DIETZ. Manuel pratique d'analyse chimique. In-8
    avec des planches. ... fr.

KRAFFT. Roue hydraulique à aubes courbes. In-8 avec 3 pl. 2 fr. 50

LACROIX. Les Arts au moyen âge et à l'époque de la renaissance.
    Ouvrage illustré de 19 chromolithographies et de 420 gravures sur
    bois. 1 vol. in-4 broché. ... fr.
    Relié, dos chagrin, plat toile, tr. dorée. ... fr.
    Relié dos et coins chagrin, plat papier, toile dorée sur ... des tran-
    ches dorées. ... fr.

LACROIX (P.). Mœurs, usages et costumes au moyen âge et à l'époque
de la renaissance. Illustré de 15 pl. chromolithographiques et de
440 gravures sur bois. 1 vol. in-4, broché.   25 fr.
Relié dos chagrin, plat toile, tr. dorée.   33 fr.
Relié dos et coins chagrin, plat papier, entête dorée, les autres planches ébarbées.   33 fr.

LA GOURNERIE (J. de). Mémoire sur l'appareil de l'arche biaise. 1 brochure in-8.   2 fr.

LAMPUÉ. **Concours d'architecture.**
     1re série, 1 vol. in-fol. contenant 45 photographies.   70 fr.
     2e   — 1 vol. in-fol. contenant 45   —   70 fr.

──── **Fragments d'architecture antique.** 1 vol. in-folio contenant 44 photographies.   70 fr.

──── **Le Palais de justice de Paris.** 20 très-grandes photographies d'après
nature.   80 fr.

LATOUR et GASSEND. **Travaux hydrauliques maritimes.** 1 vol. de texte
in-4 et 1 atlas gr. in-fol. contenant 55 pl. en couleur.   100 fr.

LAUREYS. **Cours classique d'architecture.** 1 atlas de 70 planches in-fol.
et 1 vol. de texte in-8.   20 fr.

LEGRAND. **Les Ponts de Billancourt.** 1 volume in-4 avec 5 planches
in-folio.   10 fr.

LEJEUNE. **Traité pratique de la coupe des pierres.** 1 vol. de texte in-4
de 600 pages et 1 atlas in-4 de 59 pl. contenant 381 fig.   40 fr.

LEPAUTRE. **Collection de ses plus belles compositions.** 160 planches
in-folio, relié.   80 fr.

LE ROY. Voyez **Glossaire des termes techniques d'architecture gothique.**

LESOINNE et GILLON. **Cours de métallurgie générale.** 1 vol. in-8 et
atlas in-8.   12 fr.
     Voir GILLON. Cours de métallurgie.

LIÉNARD. **Spécimen de la décoration et de l'ornementation au
xixe siècle.** 1 vol. in-folio de 125 planches.   125 fr.

LIÈVRE. **Collection Sauvageot.** 120 planches in-folio et texte descriptif et
explicatif.   180 fr.

LOIGNON (S.). **Ponts biais.** 1 vol. in-8 et atlas in-4 de 14 planches dont
plusieurs doubles.   10 fr.

LOVAT (A.). **Album de charpentes en bois.** Atlas in-4 de 120 pl. 25 fr.

MALHERBE. **De l'Assainissement des villes.** 1 vol. in-8 avec 5 pl. 4 fr.

MALHERBE (Renier). **De l'Exploitation de la houille dans le pays de
Liége.** in-8.   6 fr.

──── **Du Grisou.** 1 vol. in-8.   4 fr.

MARÉCHAL. **Notice sur l'emploi de l'air comprimé.** in-8 avec 12 planches.   8 fr.

OPPERMANN. **Visites d'un ingénieur à l'Exposition universelle de 1867.** 1 gros vol. grand in-8, accompagné de gravures sur bois et atlas de 30 planches doubles, 2ᵉ édition.   16 fr.

ORDINAIRE DE LACOLLONGE. **Recherches historiques et expérimentales sur le moteur à pression d'eau de F.-E. Perret.**
    Ce mémoire a paru dans le nᵒ 24 des Annales du Conservatoire des arts et métiers. Prix du numéro.   5 fr.

Organ für die Fortschritte des Eisenbahnwesens.
    Prix de l'abonnement annuel.   20 fr.

PAQUE. **Arithmétique.** 1 vol. in-8.   4 fr. 50

PAYEN. **Fabrication du papier. Succédanés des chiffons. Cellulose extraite en grand des fibres ligneuses.**
    Ce mémoire a paru dans le nᵒ 27 des Annales du Conservatoire des arts et métiers. Prix du numéro.   5 fr.

PÉRARD. **Traité du chauffage et de la conduite des machines à vapeur.** 1 vol grand in-18 avec 15 planches.   10 fr.

PERCY. **Traité complet de métallurgie.** 5 vol. grand in-8 avec de nombreuses gravures.
Prix de chaque volume :
Pour les souscripteurs à tout l'ouvrage.   13 fr.
Chaque volume se vend séparément.   15 fr.

PETITGAND. **Exploitation et traitement des plombs.** 1 vol. in-8 avec planches.   4 fr.

—— et RONNA. **Traité complet de métallurgie.** (Voyez PERCY.)

PETROW (Constantin). **Tableau de la littérature russe.** 1 vol. in-8. 6 fr.

PFNOR. **Ornementation usuelle.** 2 vol. in-8, contenant 144 planches et texte.   35 fr.

—— **Monographie du château d'Anet.** 1 magnifique volume in-folio contenant 60 planches gravées sur acier dont deux en couleur et 24 gravures dans le texte.   150 fr.

PLACE. **Ninive et l'Assyrie.** 3 vol. grand in-folio colombier dont 2 vol. de texte et 1 magnifique atlas de planches, 11 de ces planches sont imprimées en couleur.   850 fr.
    Il n'a été tiré que 100 exemplaires pour le commerce.

PLATTNER. **Traité théorique des procédés métallurgiques de grillage.** 1 vol. in-8 et 6 pl. in-4.   12 fr.

PONSON. **Traité de l'exploitation des mines de houille.** 4 gros vol. in-8 et 1 atlas de 30 pl. 2ᵉ édition.   72 fr.

—— **Supplément au traité de l'exploitation des mines de houille.** 2 gros vol. in-8 et 1 atlas de 18 pl. in-folio.   60 fr.

Portefeuille de John Cockerill. (Voyez COCKERILL.)

POULOT et FONTAINE. **Machines à fabriquer les rivets.** 1 brochure grand in-8 avec figure.   2 fr.

OLLÉ... L'Architecture, la Décoration et l'Ameublement, ... en 20 ... ... de 5 planches ... ographiées. Prix de ... livraison ... ... 7 fr. 50

PÉTERSON... ... Cours pratique de construction. 2 vol. in-8 accompagnés de 42 figures dans le texte. ... ... 15 fr.

PUGIN. Types d'architecture gothique. 1 vol. grand in-4, ensemble 283 pages et ... planches. ... ... 120 fr.

—— Analytiques architecturales de la Normandie. 1 vol. grand in-4 avec 80 planches. ... ... 70 fr.

—— Motifs et détails beaux d'architecture gothique. 1 vol. in-4, avec ... planches. ... ... 60 fr.

—— Modèles d'assemblement. 1 vol. grand in-4 de 24 pl. ... 5 fr.

—— Modèles de ferronnerie. 1 vol. grand in-4 de 2... pl. ... 5 fr.

—— Modèles d'orfèvrerie. 1 vol. grand in-4 de 24 pl. ... 3 fr.

—— Glossaire des termes techniques d'architecture (voyez GLOSSAIRE).

RAGUENET. ... ornement polychrome. 1 vol. in-folio contenant 104 pl. avec ... ... 150 fr.

RAMBERT. L'Art dans l'industrie. 1 vol. in-4 de 32 pl. ... 6 fr.

RAMÉE. L'Architecture et la Construction pratique. 1 vol. grand in-8, 343 figures sur bois. ... ... 8 fr.

—— Dictionnaire général des termes d'architecture. 1 vol. in-8. 8 fr.

REDTENBACHER. Principes de la construction des organes des machines. 1 vol. grand in-8 et atlas de 45 pl. ... 20 fr.

—— Résultats scientifiques et pratiques destinés à la construction des machines. 1 beau vol. grand in-8 avec 11 planches et de nombreux tableaux. ... ... 15 fr.

—— Die Bewegungs-Mechanismen. 60 pl. in-folio avec texte. 45 fr.

Revue industrielle. 12 numéros de 16 pages par an.

Abonnement pour une année.

Paris et Départements.	12 fr.
Étranger.	15 fr.
... ...	1... fr.

REY. L'Huile de pétrole. In-18. ... ... 3 fr. 50

ROSSIGNOL. Traité théorique et pratique de l'art de bâtir. 4 vol. grand in-4 de texte, avec atlas ... planches et ... et 200 pl. ... ...

—— Supplément au traité théorique et pratique de l'art de bâtir. 2 vol. in-4 de texte avec ... atlas de 100 pl. ... 60 fr.

... ... De la Fabrication de la tôle en Belgique. In-8 avec ... pl. ... ...

... ... État actuel de la métallurgie du plomb en Angleterre. In-8 avec ... planches. ... ... 5 fr.

ROYER. L'Art architectural. ... ...

ROUYER. Les Appartements privés de l'Impératrice aux Tuileries. 1 vol. in-folio contenant 20 planches imprimées sur papier de Chine. Prix en carton. 50 fr.

    Il a été tiré quelques exemplaires sur plus grand papier. Prix en carton. 60 fr.

SAGERET. Du Progrès maritime. 1 vol. grand in-8 de 400 pages avec notes et tableaux. 8 fr.

Sammlung ausgeführter constructionen Schmiedeiserner Brücken 60 planches grand in-folio oblong. 35 fr.

SARTON. Der Échelles mobiles dites Fahrkunst. 1 broch. in-8. 50 c.

SAUVAGEOT. (Voyez LIÈVRE.)

SCHEPP Die Haupttheile der Locomotiv-Dampfmaschinen. 1 vol. in-8 et 1 atlas de 16 planches in-folio. 12 fr.

SCHINZ. Documents concernant le haut-fourneau. 1 vol. grand in-8 avec planches. 6 fr. 50

SCHMITZ (Frantz). Der Dom zu Coeln. (La Cathédrale de Cologne.) 1 magnifique volume grand in-folio publié en 25 livraisons de 6 pl. Prix de la livraison. 7 fr. 50

SCHMOLL. Traité pratique des brevets d'invention. 1 vol. in-8. 7 fr. 50

SCHOY (Aug.). L'Art architectural. 2 vol. in-folio publié en 7 livraisons dont 5 de 50 planches et 2 de 25 seulement, mais avec texte. Prix de la livraison en carton. 25 fr.

    Aucune livraison ne se vend séparément

SIMONIN. La Richesse minérale en France. In-8. 2 fr. 50

SPINEUX. De la distribution de la vapeur dans les machines 1 vol. grand in-8 et 1 atlas grand in-8 de 28 planches doubles. 15 fr.

STAAFF. La Littérature française. 6 vol. grand in-8. 3720 pages. 4e édition. 25 fr.

STATZ. Recueil d'Églises et de constructions religieuses dans le style gothique. 72 planches très-grand in-folio avec texte. 75 fr.

—— Détails gothiques. 2 vol. in-4 contenant 120 planches simples et 60 planches doubles. 132 fr.

TRESCA. Mémoire sur l'écoulement des corps solides. Ce mémoire a paru dans le n° 21 des Annales du Conservatoire des arts et métiers. Prix du numéro. 2 fr.

—— Machines de traction, de M. Lotz ainé, de Nantes. Ce mémoire a paru dans le n° 22 des Annales du Conservatoire des arts et métiers. Prix du numéro. 2 fr.

—— et CH. LABOULAYE. Recherches expérimentales sur l'équivalent mécanique de la chaleur. Ce mémoire a paru dans le n° 23 des Annales du Conservatoire des arts et métiers. Prix du numéro. 5 fr.

TRONQUOIS. Bâtiments pittoresques. 20 planches in-plano. 10 fr.

UMÉ. L'Art décoratif. 120 planches in-folio.   60 fr.

URBIN. Guide pratique pour le puddlage du fer et de l'acier. 1 vol.
   in-8.   2 fr.

V***. Les Machines d'épuisement à rotation. In-8 avec pl.   2 fr.

VIDAL. Législation des machines à vapeur. 1 vol. in-18.   1 fr. 50

VIERSET-GODIN. Église de Notre-Dame, à Huy. Grand in-folio de 20
   planches, la plupart en couleurs, avec texte.   25 fr.

VINET (Ernest). Bibliographie des beaux-arts. 1 vol. grand in-8, divisé
   en 4 fascicules.
       Le 1er fascicule paraîtra en 1873.

VOGÜÉ (le comte Melchior de). Le Temple de Jérusalem. 1 vol. in-folio
   avec gravures sur bois et 40 planches dont 15 en couleur.   100 fr.

——— L'Architecture civile et religieuse du 1er au viie siècle dans la
   Syrie centrale. 2 vol. grand in-4, contenant 150 planches gravées.   150 fr.

——— Inscriptions sémitiques de la Syrie centrale. 1 vol. grand in-4
   jésus, avec 21 planches.   30 fr.

——— Mélanges d'archéologie orientale. 1 vol. in-8 avec figures sur bois
   intercalées dans le texte et 12 planches.   15 fr.

——— La Stèle de Dhiban ou Stèle de Mésa. 1 brochure in-4 avec 2
   planches.   5 fr.

WINCKLER. Guide de l'Architecte et de l'Ingénieur à Vienne. 1 vol.
   in-8, avec gravures, le plan de la ville, le plan de l'Exposition et une carte
   géologique.   9 fr.

WITH (Émile). Les Machines. 2 beaux vol. in-8 cavalier avec 450 figures
   dans le texte.   16 fr.

——— Les Inventeurs et leurs inventions. 1 vol. in-12.   4 fr.

WOJCIECHOWSKI. Nouvelle Méthode pour le calcul exact des aires de
   déblai et remblai. 1 vol. in-12 avec pl.   1 fr. 50

YVERT (L.). Notices sur les ponts avec poutres tubulaires en tôle.
   In-8 et atlas grand in-fol. de 20 planches et 4 tableaux.   15 fr.

Paris. — Imprimerie de Georges Chamerot, rue des Saints-Pères 19.

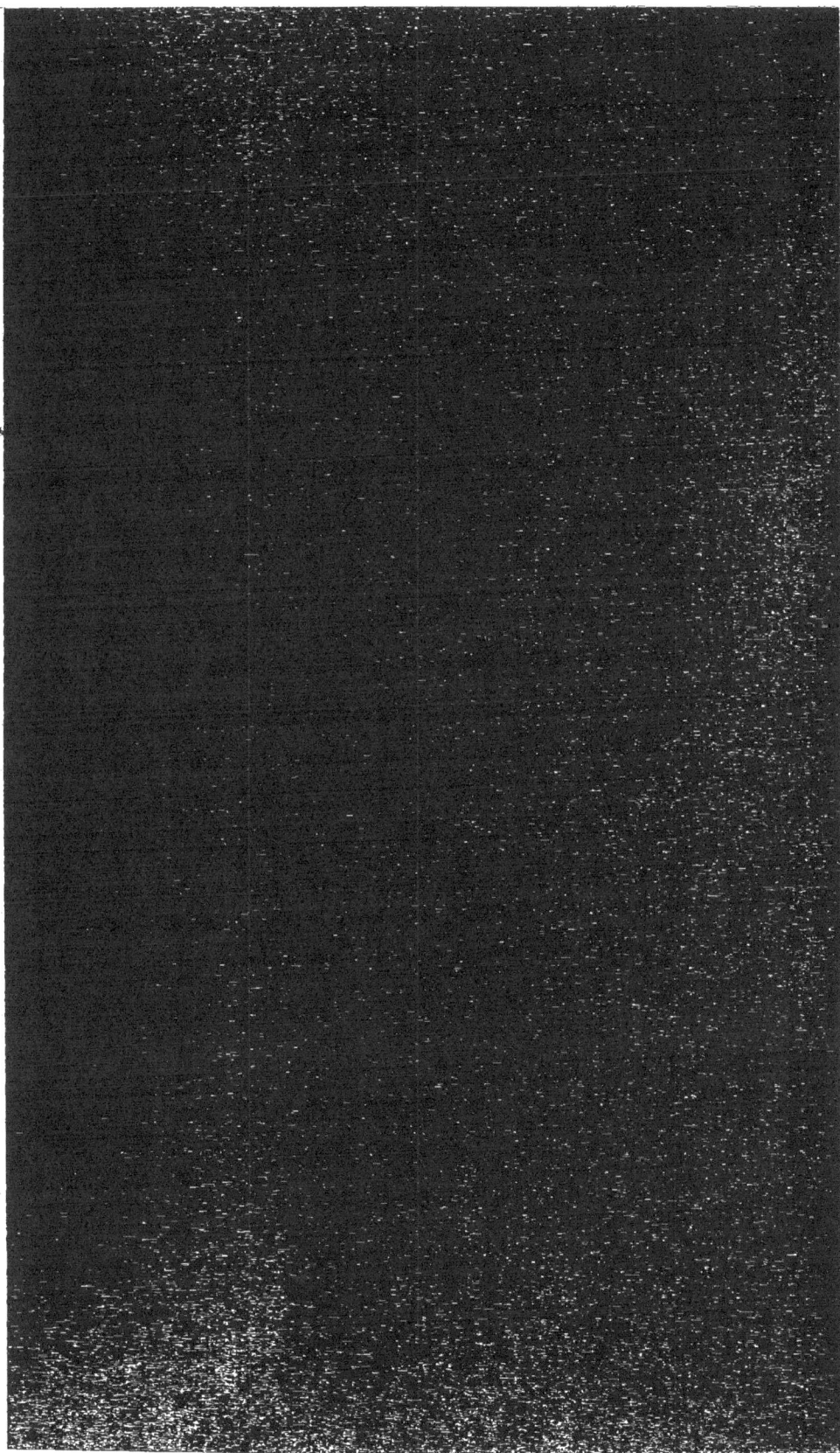

EXTRAIT DU CATALOGUE

DE LA

LIBRAIRIE POLYTECHNIQUE DE J. BAUDRY, ÉDITEUR

LIGER (F.), architecte de la ville de Paris, membre de la commission supérieure de voirie. **La Ferronnerie ancienne et moderne** ou Monographie du fer et de la serrurerie. Tome I contenant 16 planches sur papier de luxe et 289 figures intercalées dans le texte................................... 25 fr.

— **Dictionnaire historique et pratique de la voirie, de la police municipale, de la construction et de la contiguïté.** — *Parties publiées :*

Jambes étrières et autres points d'appui dans les bâtiments. Brochure in-8° avec figures dans le texte............................... 2 fr.

Cours et Courettes. 1 vol. in-8° avec figures intercalées dans le texte.. 3 fr.

Pans de bois et pans de fer. 1 vol. in-8° avec figures intercalées dans le texte... 5 fr.

Assemblage des planchers en fer, des pans de fer et des pans de fonte. 1 brochure in-8° avec figures............................... 2 fr.

DES BIARS (G.). **De l'emploi du fer dans les constructions.** Planchers, portails et linteaux en fer laminé, supports ou piliers en fonte ou en fer forgé. Renseignements pratiques sur leur exécution et calculs faits indiquant à première vue la section de fer à employer dans la généralité des cas qui peuvent se présenter. Suivi d'une annexe sur la résistance des bois employés comme poteaux, pieux, étais, poutres, solives de planchers, etc. Brochure in-8°.. 3 fr.

COURTIN, ingénieur, professeur de construction à l'École industrielle de Charleroi. **La Résistance des Matériaux,** mise à la portée de toutes les personnes qui s'occupent des constructions. 1 vol. in-8° avec de nombreuses gravures dans le texte... 5 fr.

REDTENBACHER, professeur, directeur de l'École polytechnique de Carlsruhe. **Principes de la construction des organes des machines,** traduit de l'allemand par MM. Mérijot et Debize. 1 vol. et 1 atlas de 45 pl., grand in-8°.. 20 fr.

— **Résultats scientifiques et pratiques destinés à la construction des machines,** à l'usage des ingénieurs, des contre-maîtres et des élèves. 1 beau vol. grand in-8°, avec 41 planches et de nombreux tableaux, nouvelle édition... 15 fr.

L. DE MASTAING. **Cours de mécanique appliquée à la résistance des matériaux.** Leçons professées à l'École centrale des arts et manufactures, de 1862 à 1872, rédigées par M. G. Courtès-Lapeyrat, ingénieur des arts et manufactures, répétiteur du cours. 1 vol. grand in-8°, avec de nombreuses figures intercalées dans le texte .... 15 fr.

Paris. — Typographie Georges Chamerot, rue des Saints-Pères, 19.

www.ingramcontent.com/pod-product-compliance
Lightning Source LLC
Chambersburg PA
CBHW071857200326
41519CB00016B/4435